职业教育测绘类专业“新形态一体化”系列教材

平面控制测量

主　编　江新清

副主编　成晓芳　张明丁

参　编　王玉香　付清泉

主　审　秦永乐

机械工业出版社

本书为活页式实训手册，共分为 7 个工作任务，涵盖了平面控制测量中测角仪器的使用及仪器的检验与校正、水平角测量、距离测量、导线测量以及 GNSS 定位等方面。每个工作任务设计了 2~4 个工作训练任务。每个工作训练任务都有明确的知识目标、能力目标及训练内容等。

本书可作为高职高专院校测绘类工程测量技术专业技能训练教材，也可以作为土木工程类专业工程测量课程配套实训教材使用，还可供相关从业工程技术人员参考。

图书在版编目（CIP）数据

平面控制测量/江新清主编. —北京：机械工业出版社，2022.11
职业教育测绘类专业“新形态一体化”系列教材
ISBN 978-7-111-71657-0

Ⅰ.①平…　Ⅱ.①江…　Ⅲ.①平面控制测量-高等职业教育-教材
Ⅳ.①P221

中国版本图书馆 CIP 数据核字（2022）第 173093 号

机械工业出版社（北京市百万庄大街 22 号　邮政编码 100037）
策划编辑：沈百琦　高亚云　责任编辑：沈百琦　高凤春
责任校对：肖　琳　张　薇　封面设计：陈　沛
责任印制：刘　媛
涿州市般润文化传播有限公司印刷
2023 年 1 月第 1 版第 1 次印刷
184mm×260mm · 12.75 印张 · 255 千字
标准书号：ISBN 978-7-111-71657-0
定价：39.80 元

电话服务	网络服务
客服电话：010-88361066	机　工　官　网：www.cmpbook.com
010-88379833	机　工　官　博：weibo.com/cmp1952
010-68326294	金　　书　　网：www.golden-book.com
封底无防伪标均为盗版	机工教育服务网：www.cmpedu.com

前　言

国家一直非常重视职业教育的发展，特别是近几年来，先后出台了一系列的文件，如《国务院关于加快发展现代职业教育的决定》（国发〔2014〕19号)、《教育部关于深化职业教育教学改革全面提高人才培养质量的若干意见》（教职成〔2015〕6号)、《国务院办公厅关于深化产教融合的若干意见》（国办发〔2017〕95号)、《国务院关于印发国家职业教育改革实施方案的通知》（国发〔2019〕4号)。教育部等四部门印发《关于在院校实施“学历证书+若干职业技能等级证书”制度试点方案》的通知（教职成〔2019〕6号)。为了贯彻国家有关职业教育的指示精神，推行“学历证书+若干职业技能等级证书”制度，本着提高工程测量技术专业学生的专业技能，切实提高学生的实际动手能力，我们组织编写了这本活页式的实践性教材——《平面控制测量》。

本书为活页式实训手册，共分为7个工作任务，涵盖了平面控制测量中测角仪器的使用及仪器的检验与校正、水平角测量、距离测量、导线测量以及GNSS定位等方面。

本书内容环环相扣，由浅及深，既符合当代职教特色又能使每一个学生提升自己的专业技能。

本书在编写时注重以下特色：

1. 教材体例新颖。本书采用活页的形式，每一工作任务及工作训练任务都可以根据需要独立进行训练，打破了以往教材按部就班的形式，为学生创造一个新颖活泼的教材风格。

2. 以学生为本。本书在编写时，以“学练结合、知行统一”为原则，注重“因材施教”的理念。本书以提高学生的实际操作技能为目标，以工作任务为主线，注重实际专业操作技能的提高，对于在完成工作任务过程中涉及的知识内容以够用为原则，旨在让学生在通过工作训练任务提高自己的专业技能的同时，也能够学到相应的理论知识，为以后从事的测量工作打下基础。

3. 简洁实用。本书在编写过程中力求工作任务简洁实用。工作训练指导语言表达简明扼要，将实际操作最简单的方式表达出来，便于学生理解并进行操作。每一个工作任务最后都设置了2~4个自主学习任务单，便于学生进行自主学习与自行测评，提高训练的效率与学习效果。每个工作训练任务都有明确的知识目标、能力目标及训练内容等，对具体的工作训练任务都给出了训练指导。每个工作训练任务涉及的理论知识，以够用为原则进行了梳理。在工作任务的最后，设计了自主学习任务单，方便学生对工作任务的学习情况进行自我检测。

本书由武汉电力职业技术学院江新清任主编，成晓芳、张明丁任副主编，参与编写的还有王玉香、付清泉。全书由武汉电力职业技术学院秦永乐主审。

本书在编写过程中，由于编者水平有限，难免存在疏漏与不足之处，敬请广大师生及其他读者给予批评指正。

编　者

本书二维码清单

序号	名称	图形	序号	名称	图形
1	DJ_6 认识经纬仪		6	DJ_6 水平角测量（测回法）	
2	DJ_6 光学经纬仪读数与垂直角观测、计算练习		7	DJ_6 水平角测量（方向法）	
3	DJ_6 光学经纬仪测角		8	DJ_2 水平角测量（方向法）	
4	认识 DJ_2 精密光学经纬仪		9	全站仪水平角测量（测回法）	
5	DJ_2 精密光学经纬仪测角				

目　录

工作任务 1

DJ_6 经纬仪的认识与使用

任务目标

1）了解 DJ_6 经纬仪的基本结构和各部件的功能。
2）掌握经纬仪的对中、整平、瞄准、读数的方法。
3）能够测量两个方向盘左（盘右）的水平角和竖直角。

素质目标

1）培养对照教材自主学习的能力。
2）培养认真负责、精益求精、严于律己、吃苦耐劳的精神。
3）培养谨慎谦虚、团结协作、主动配合的精神。
4）培养严格执行规范，保证成果质量，爱护仪器设备的精神。

工作任务

1）认识 DJ_6 经纬仪的基本结构及经纬仪的对中、整平、瞄准、读数的方法。
2）测量两个方向盘左（盘右）的水平角和竖直角。

工作训练 1.1

认识 DJ_6 经纬仪

DJ_6 认识经纬仪

1.1.1 知识目标

1）了解光学经纬仪的基本结构及特点。
2）了解光学经纬仪各螺旋的作用。
3）掌握经纬仪的对中、整平、瞄准、读数的方法。

1.1.2 能力目标

1）能够说出光学经纬仪的基本结构及特点。
2）能够对经纬仪进行对中、整平、瞄准、读数。

1.1.3 训练内容

1）认识光学经纬仪的基本结构及光学经纬仪各部件及螺旋的作用。
2）练习三脚架的使用。

1.1.4 训练器具

DJ_6 经纬仪一台，木质三脚架一副。

1.1.5 训练方法

结合教材和多媒体资源，完成自主学习。

1.1.6 训练指导

1. 三脚架的主要结构

测量三脚架用来架设测量仪器，包括三角面板、三个可升降的支腿，三角面板中间带有中心连接螺栓，用于连接三个可升降的支腿和仪器。三角架如图 1-1 所示。

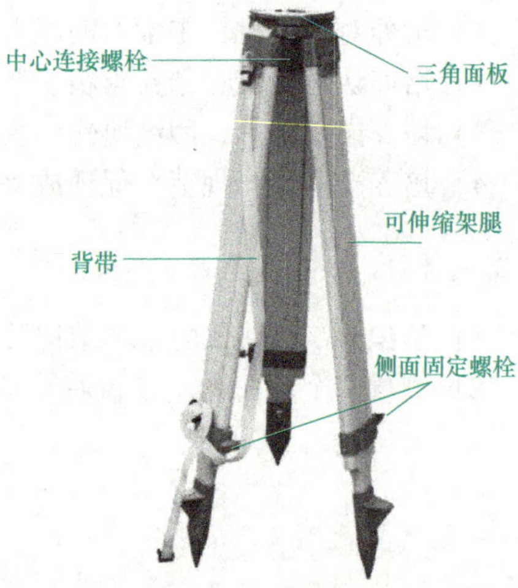

图 1-1　三脚架

2. 操作过程

1）将仪器架在测站上，采用光学对中方法对中，即：使三脚架的一脚固定在地面上，眼看对中器，两手握住三脚架另两腿，前、后、左、右移动，使对中器对准小钉，放下两腿，踩紧两脚架。如果还没有对中，旋转脚螺旋使其对中。调节三脚架的伸缩连接处，使圆气泡居中；然后利用脚螺旋调平水准管，整平仪器。经检查，若对中器十字丝偏离标志中心，则移动基座精确对中；再检查整平是否被破坏，若破坏则用脚螺旋整平。反复进行此项工作直至最终对中整平。

2）将仪器置于盘左。瞄准测钎 A；固定水平制动及望远镜制动，调焦，使目标清楚，用水平、竖直微动螺旋使十字丝对准目标，读出盘左读数 L_1，然后顺时针照准另一目标 B；操作方法同上，读出 B 点的读数 L_2。

3）将仪器置于盘右，首先照准 B 点，读数 R_2，然后瞄准 A 点读数 R_1。

注意：在照准目标时，应尽量照准目标底部。

1.1.7 注意事项

1）实训前要复习课本上有关内容，了解实训的内容及要求。

2）严格遵守测量仪器的使用规则。

3）在使用过程中必须倍加爱护仪器。除了在思想上重视外，在工作过程中还要采取有效措施，以确保仪器正常工作，杜绝损坏仪器的事故发生。

4）每人必须独立进行经纬仪的光学对中、整平、瞄准、读数一整套完整的操作，读数包括水平度盘和竖直度盘的读数。对于每次瞄准目标，应分别读取盘左、盘右读数，并且，每个目标都应进行盘左和盘右观测。

5）竖直度盘读数前，应检查一下竖直度盘指标自动归零补偿器是否正常工作。目视读数镜，按一下支架上的补偿器按钮，此时如果竖直度盘刻划略有摆动，然后又恢复稳定在初始位置，则补偿器工作正常。

6）水平度盘和竖直度盘的读数纪录（见表 1-1）作为实训成果上交。

1.1.8 思考题

1）对中的目的是什么？整平的目的是什么？

2）画出读数为 123°23′24″的读数图。

表 1-1　水平度盘和竖直度盘读数练习

日期 20____年____月____日　仪器编号__________　观测者__________　记录者__________

测站	目标	竖盘位置	水平度盘读数			竖直度盘读数		
			(°)	(′)	(″)	(°)	(′)	(″)
		盘左						
		盘右						
		盘左						
		盘右						
		盘左						
		盘右						
		盘左						
		盘右						

工作训练 1.2

DJ_6 光学经纬仪测角

DJ_6 光学经纬仪读数与垂直角观测、计算练习

1.2.1 知识目标

1）了解光学经纬仪的基本结构及各螺旋的作用。

2）了解光学经纬仪水平度盘及竖直度盘的注记形式及读数方法。

3）掌握竖直角指标差及竖直角的计算。

1.2.2 能力目标

1）能够进行水平度盘读数与竖直度盘读数。

2）能够按要求配置水平度盘。

3）能够用测回法测量角度。

4）能进行竖直角指标差及竖直角的计算。

1.2.3 训练内容

用测回法测量两个方向盘左（盘右）的水平角及竖直角。

1.2.4 训练器具

DJ_6 光学经纬仪一台，木质三脚架一副，自备 3H 的铅笔、记录板等。

1.2.5 训练方法

先结合教材和多媒体资源，完成预习，再根据老师演示进行实操训练。

1.2.6 训练指导

1）将经纬仪由箱中取出，双手握住仪器的支架，或一手握住支架，一手握住基座，严禁单手提取望远镜部分；将仪器固定于三脚架上，对中、整平经纬仪。

2）进一步熟悉各螺旋的用途，练习使用。

3）练习用望远镜精确瞄准远处的目标，检查有无视差，如有视差，则转动对光螺旋消除。

4）练习水平度盘及竖直度盘的读数。

5）选择两个目标，盘左，照准某一个目标 A，以自己的学号配置水平度盘（如学号为 53010101 号，则配置 101°01′），然后顺时针旋转照准部，照准另一目标 B，读取水平角读数；盘右，逆时针旋转照准部照准目标 B，读取水平度盘读数，逆时针旋转照准

部照准目标 A，读取水平度盘读数；将读数全部记入表 1-2 中，计算水平角。

6）照准某一目标 A，测量其竖直角（测一个测回），并计算指标差及竖直角。

1.2.7 注意事项

1）实训前要复习课本上有关内容，了解实训的内容及要求。

2）严格遵守测量仪器的使用规则。

3）光学经纬仪是较精密测角仪器，在使用过程中必须倍加爱护。除了在思想上重视外，在工作过程中还要采取有效措施，以确保仪器正常工作，杜绝损坏仪器的事故发生。

4）每人必须独立进行经纬仪的光学对中、整平、瞄准、读数一整套完整的操作，读数包括水平度盘和竖直度盘的读数。对于每个目标，应进行盘左和盘右观测，即水平角、竖直角各观测一个测回。

5）竖直度盘读数前，应检查一下竖直度盘指标自动归零补偿器是否正常工作。目视读数镜，按一下支架上的补偿器按钮，此时如果竖直度盘刻划略有摆动，然后又恢复稳定在初始位置，则补偿器工作正常。

6）水平度盘和竖直度盘的读数纪录（见表 1-2、表 1-3）作为实训成果上交。

表 1-2　水平角测量练习

日期 20____年____月____日　　仪器编号__________　　观测者__________　　记录者__________

测站	目标	盘左读数	盘右读数	半测回角值	一测回角值
		(°)(′)(″)	(°)(′)(″)	(°)(′)(″)	(°)(′)(″)

表 1-3　竖直角测量练习

日期 20____年____月____日　　仪器编号__________　　观测者__________　　记录者__________

测站 仪器高	目标	盘左读数	盘右读数	指标差	竖直角	备注
		(°)(′)(″)	(°)(′)(″)	(″)	(°)(′)(″)	

工作依据 1.3

DJ_6 光学经纬仪及其使用

DJ_6 光学
经纬仪测角

1.3.1 DJ_6 光学经纬仪的构造

各种 DJ_6 光学经纬仪的构造大体相同。DJ_6 光学经纬仪的外形及外部构件的名称如图 1-2 所示。

如图 1-2 所示，经纬仪由基座、度盘以及照准部和读数系统四大部分组成，也有将读数系统归到照准部内的，这样的话就是分三部分。

（1）基座　基座由轴套固定螺旋、中心连接螺旋、脚螺旋（三个）等构成。

1）轴套固定螺旋：将照准部与基座连接在一起，起到固定的作用。

2）中心连接螺旋：用于将仪器固定在三脚架上。

3）脚螺旋：精确整平圆水准器的作用。

（2）水平度盘　DJ_6 光学经纬仪的水平度盘为 0°～360°全圆刻划的玻璃圆环，其分划值（相邻两刻划间的弧长所对的圆心角）为 1°。度盘上的刻划线注记按顺时针方向增加。测角时，水平度盘不动。若使其转动，可拨动度盘变换手轮来实现。

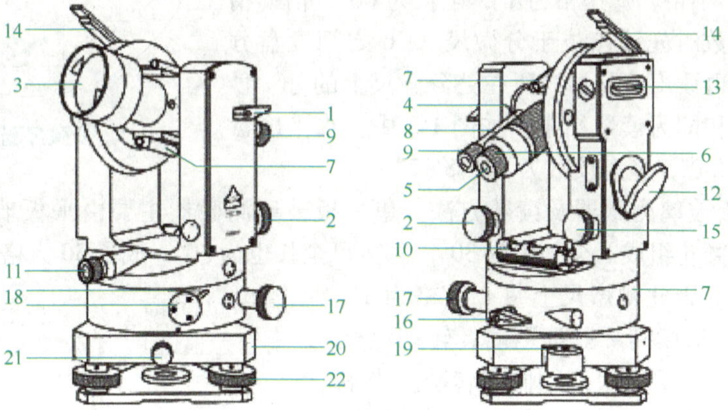

图 1-2　DJ_6 光学经纬仪

1—望远镜制动螺旋　2—望远镜微动螺旋　3—物镜　4—物镜调焦螺旋　5—目镜　6—目镜调焦螺旋　7—光学瞄准器　8—读数显微镜　9—读数显微镜调焦螺旋　10—照准部管水准器　11—光学对中器　12—度盘照明反光镜　13—竖盘指标管水准器　14—竖盘指标管水准器观察反射镜　15—竖盘指标管水准器微动螺旋　16—水平制动螺旋　17—水平微动螺旋　18—水平度盘变换手轮和保护卡　19—基座圆水准器　20—基座　21—轴套固定螺旋　22—脚螺旋

（3）照准部　照准部主要由望远镜、照准部管水准器、竖直度盘、光学对中器、读数显微镜等组成。照准部可绕竖轴转动，由水平制动螺旋和水平微动螺旋控制。

1）望远镜：可绕横轴俯仰转动，由望远镜制动螺旋和望远镜微动螺旋控制。

2）照准部管水准器：通过观察照准部水准管气泡是否居中来判断仪器是否平整。

3）竖直度盘：用光学玻璃制成，可随望远镜一同转动，用于测量竖直角。

4）光学对中器：用于仪器对中，使仪器中心位置位于测站点所在的铅垂线上。

5）竖盘指标管水准器微动螺旋：用于调节竖盘指标水准管中的气泡。

6）竖盘指标管水准器：在竖直角测量中，用竖盘指标管水准器微动螺旋使水准管气泡居中，保证竖盘读数指标线位于正确位置。

7）读数显微镜：用于读取水平度盘与竖直度盘的读数。

8）水平制动螺旋：用于制动照准部不让其有大幅度的旋转。

9）水平微动螺旋：照准部被制动后，为精确照准目标，可调节此螺旋，使照准部小幅度的旋转。

（4）读数系统　光学经纬仪的读数系统主要有水平度盘、竖直度盘、测微器。通过一系列的棱镜和透镜、反光镜将度盘分划线、测微器呈现在读数显微镜内。

DJ_6 光学经纬仪常用的测微器有分微尺测微器和单平板玻璃测微器两种，其读数方法也依此分为两种。

1）分微尺测微器及读数方法。如图 1-3 所示，注有“水平”字样或“H”的为水平度盘读数窗，注有“竖直”字样或“V”的为竖直度盘读数窗。度盘两分划线之间的分划值为 1°，分微尺共分 0~6 个大格，每一大格分 10 个小格，每小格为 1′，全长为 60′，估读精度为 0.1′。读数时先读出位于分微尺 0~6 之间度盘分划线的读数，再读出该分划线所在处分微尺上的分、秒值，两读数之和即为读数结果。如图 1-3 中，水平度盘读数为 213°07′30″，竖盘读数为 78°48′12″。

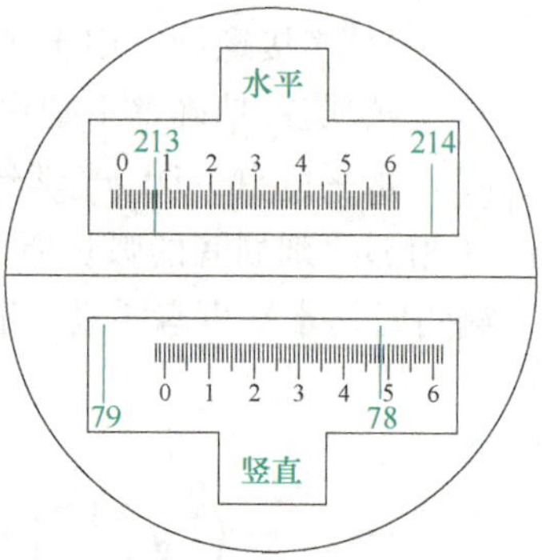

图 1-3　分微尺测微器读数窗

2）单平板玻璃测微器及读数方法。单平板玻璃测微器主要由平板玻璃、测微尺、连接机构和测微轮组成。分划值为 30′，测微尺全长也为 30′，成了 30 大格，每 1 大格又分为 3 个小格。因此测微尺上每 1 大格为 1′，每小格为 20″，估读到 2″。读数时，转动测微轮，单平板玻璃与测微尺绕轴同步转动。当平板玻璃底面垂直于光线时，读数窗中双指标线的读数是 92°+α，测微尺上单指标线读数为 0′。此时再转动测微轮，使平板玻璃倾斜一个角度，光线通过平板玻璃后发生平移，如图 1-4 所示，当 92°分划线移动到正好被夹在双指标中间时，可以从测微尺上读出移动之后的读数为 18′50″。

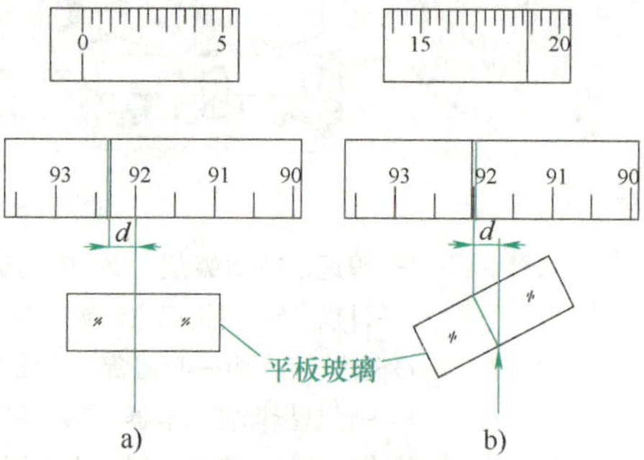

图 1-4　单平板玻璃测微器读数窗

1.3.2 对中与整平

仪器的整置内容包括：对中和整平。

对中的目的是：使仪器中心与测站点的点位中心在同一铅垂线上，对中误差应小于±3mm。

整平的目的是：使仪器的水平度盘水平，整平误差要求≤1 格。

经纬仪对中、整平方法有垂球对中、整平法和光学对中器对中、整平法两种，现在主要普遍采用光学对中器对中、整平法。其步骤如下：

先要进行对光，使对点标志和地面点位影像清晰。光学对中器的结构、光学对中器目镜如图 1-5 和图 1-6 所示。

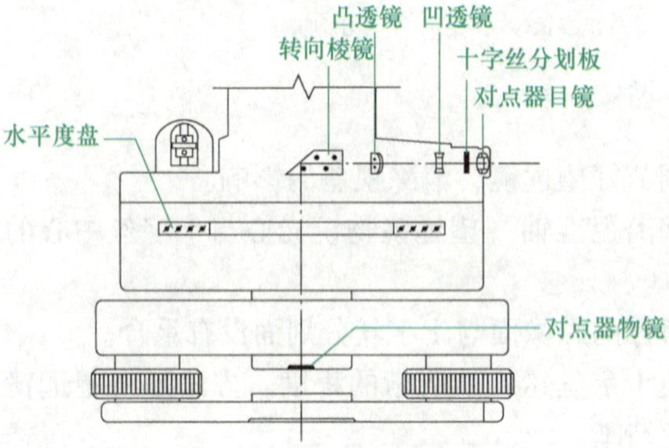

图 1-5　光学对中器的结构

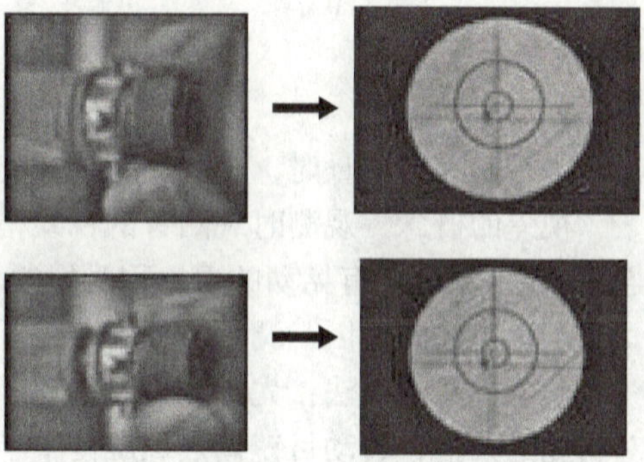

图 1-6　光学对中器目镜

第一步：粗略整置，眼睛看着对中器，拖动三脚架 2 个脚，使仪器大致对中，并保持“架头”大致水平。

第二步：伸缩脚架粗平，根据气泡位置，伸缩三脚架 2 个脚，使圆水准气泡居中。

第三步：旋转三个脚螺旋精平，按“左手大拇指法则”旋转 3 个脚螺旋，使水准管气泡居中。步骤如下：

1）转动仪器，使水准管与 1、2 脚螺旋连线平行。

2）根据气泡位置运动法则，对向旋转 1、2 脚螺旋，使水准管气泡居中。

3）转动照准部 90°，根据气泡位置运动法则，旋转第 3 个脚螺旋使水准管气泡居中。

由于对中与整平之间相互有一定的影响，可能会使仪器又没能对中，这时则进行下一步骤。

4）在架头上移动仪器，精确对中。

此时可能又影响到整平，要求再次进行精平。

5）通过脚螺旋进行精平。

6）反复进行第 4）、5）两步。

气泡移动规律：与左手大拇指的移动方向相同。

1.3.3 瞄准

用于测角的照准标志有多种，如竖立于测点的标杆、测钎、用三根杆悬吊垂球线或觇牌，如图 1-7 所示。

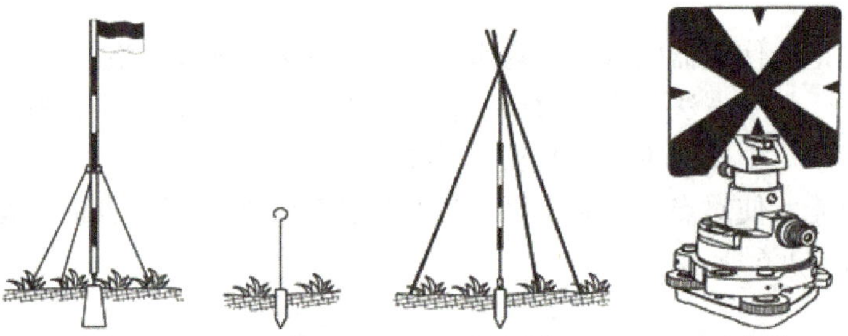

图 1-7 测量标志

进行水平角测量时，在观测之前应先调节好望远镜，消除视差的影响。

视差的概念：观测时观测者的视线稍偏离视准轴（望远镜物镜光心与十字丝中心的连线），感觉目标有晃动的现象称为视差。

产生视差的原因：调焦不准确，使得目标的影像面与十字丝分划面没有重合。

消除视差的方法：先进行目镜调焦，使十字丝达到最清晰的程度。方法是将望远镜对明亮的天空，转动目镜调焦螺旋使十字丝清晰。

照准：

1）目镜对光——望远镜对向明亮背景，转动目镜调焦螺旋使十字丝清晰。

2）粗瞄目标——用望远镜上的粗瞄器瞄准目标，上紧水平和竖直制动螺旋。

3）精瞄目标——从望远镜观察，旋转水平、竖直微动螺旋。照准目标时若目标较细小则用十字丝的双丝部分来夹目标，若目标较粗则用单丝部分来平分目标，如图 1-8 所示。

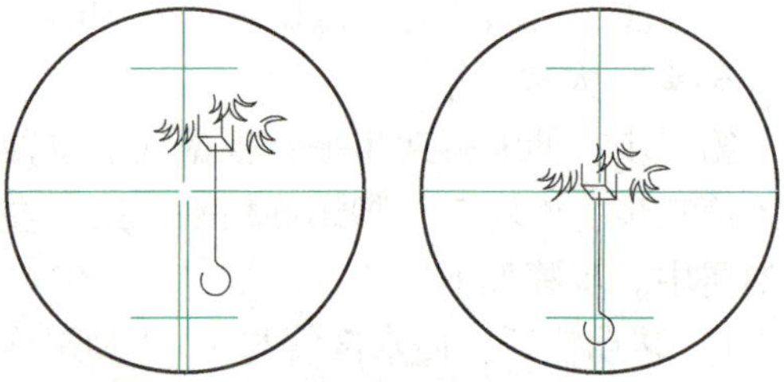

图 1-8 照准目标

1.3.4 读数

打开度盘照明反光镜，调整角度和方向，照亮读数窗口进行读数。

不同厂家不同型号的经纬仪其读数方法有所不同。图 1-9 为其中两款 DJ_6 光学经纬仪的读数视窗。图 1-9a 为分微尺测微器的读数视窗，水平角读数为 214°54′42″，竖直角读数为 79°09′30″。图 1-9b、c 为单平板玻璃测微器的读数视窗，图 1-9b 为水平角读数 8°42′10″，图 1-9c 为竖直角读数 88°47′28″。

测量水平角时，每一测回起始方向的度盘位置应不一致，以便消除度盘分划误差的影响，一般来说 DJ_6 光学经纬仪测量水平角时度盘位置改变为 $180°/n$（n 为测回数），这个过程称为配置度盘，方法是：照准目标后，拨动度盘变换手轮，使度盘读数为应有的读数。

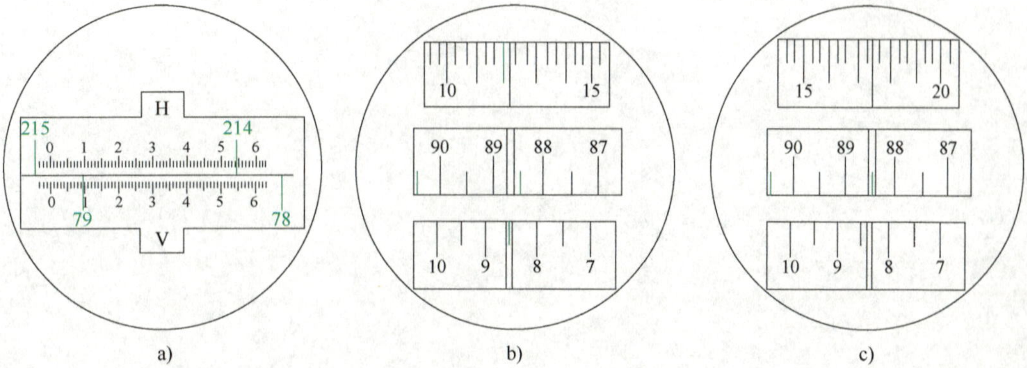

图 1-9　DJ$_6$ 光学经纬仪视窗

工作自测 1.4

自主学习任务单

自测 1.4.1 认识 DJ_6 光学经纬仪

1. 学习任务

1）了解 DJ_6 光学经纬仪的基本结构及各螺旋的作用

2）掌握北光 DJ_6、南京 DJ_6 光学经纬仪的读数方法，能够准确地进行水平度盘、竖直度盘的读数

3）掌握经纬仪对中、整平的方法，能够对经纬仪进行对中、整平

任务	自测标准		学习建议
认识光学经纬仪各个部件的名称及功能	□	1）能够准确将经纬仪安置于三脚架上	1）通过训练指导、相关知识以及相关课件、教材学习 2）开箱时仔细观察仪器在箱中状态 3）两人一组互相检测，直至所有部件均能掌握名称
	□	2）在两种仪器中，任选 10 个部件均能准确说出其名称	
光学经纬仪的基本操作	□	1）能够准确进行经纬仪的对中、整平	1）通过训练指导、相关知识以及相关课件、教材学习 2）对照普通经纬仪的架设，完成经纬仪的架设，并观察其异同点 3）对照教材及实训指导，观察水平度盘、竖直度盘读数窗的状态，调节测微器，读出对应的数值 4）两人一组互相检测，完成实训任务
	□	2）在两种仪器中，任选 6 个度盘位置（水平、竖直各 3 个），能够进行读数	
	□	3）盘左、盘右照准同一目标，读出水平度盘读数，并计算 $2C$	
	□	4）盘左、盘右照准同一目标，读出竖直度盘读数，并计算指标差与竖直角	
	□	5）将经纬仪正确装箱	

2. 学习笔记

1）对中的目的是什么？整平的目的是什么？

2）以本人的“学号+20”分别为度、分、秒的数值，画出读数视窗图

自测 1.4.2 DJ_6 光学经纬仪的使用

1. 学习任务

1）能够正确地配置水平度盘的数值

2）熟练地对中、整平经纬仪

3）能够用测回法测量两个方向的水平角与竖直角

任务	自测标准		学习建议
DJ_6 光学经纬仪读数及水平角与竖直角测量	□	1）能够准确进行经纬仪的对中、整平	1）通过训练指导、相关知识以及相关课件、教材学习 2）对照教材及实训指导，观察水平度盘、竖直度盘读数窗的状态，读出对应的数值 3）按照训练指导步骤及相关知识内容，用测回法测量水平角与竖直角 4）两人一组互相检测，完成实训任务
	□	2）盘左、盘右照准同一目标，读出水平度盘读数，并计算 $2C$	
	□	3）盘左、盘右照准同一目标，读出竖直度盘读数，并计算指标差与竖直角	
	□	4）选择 2 个目标按测回法测量水平角，并计算水平角值	
	□	5）选择 2 个目标测量竖直角，并计算指标差及竖直角	
	□	6）将经纬仪正确装箱	

2. 学习笔记

1）写出测回法测量水平角的步骤

2）写出测量两个目标的竖直角的步骤

工作任务 2

精密光学经纬仪的认识与使用

任务目标

1）认识精密光学经纬仪的基本结构及各螺旋的作用。

2）掌握威特 T_3、威特 T_2、蔡司 010B 以及 DJ_2 等精密光学经纬仪的读数方法。

3）能够配置水平度盘的数值。

4）能够用测回法测量两个方向的水平角与竖直角。

素质目标

1）养成“安全第一、如履薄冰”的安全意识。

2）树立“实事求是”的诚信精神，养成严格执行规程规范的意识及行为习惯。

3）形成良好的团队协作能力，能与其他人协调合作，共同测量工作。

4）树立“精益求精”的工匠精神，吃苦耐劳的优良品德；杜绝马虎大意和敷衍了事。

5）养成严守国家机密的责任感。

工作任务

1）了解精密光学经纬仪基本结构及特点。

2）测量两个方向盘左（盘右）的水平角及竖直角。

工作训练 2.1

认识精密光学经纬仪

认识 DJ_2 精密光学经纬仪

2.1.1 知识目标

1）了解精密光学经纬仪的基本结构及特点。

2）了解精密光学经纬仪各螺旋的作用。

3）了解精密光学经纬仪水平度盘及竖直度盘的注记形式及读数方法。

2.1.2 能力目标

1）能够说出精密光学经纬仪的基本结构及特点。

2）能够进行水平度盘读数与竖直度盘读数。

3）能够按要求配置水平度盘。

2.1.3 训练内容

精密光学经纬仪的对中、整平、照准、读数。

2.1.4 训练器具

精密光学经纬仪 1 台，木质三脚架 1 副，自备 3H 铅笔、记录板等。

2.1.5 训练方法

先结合教材和多媒体资源，完成预习，再根据老师的演示进行实操训练。

2.1.6 训练指导

1. 安置精密光学经纬仪

1）将仪器箱打开，如图 2-1～图 2-6 所示，比照实物，确定各精密光学经纬仪的型号。

2）将经纬仪由箱中取出，双手握住仪器的支架；或一手握住支架，一手握住基座，严禁单手提取望远镜部分；将仪器固定于三脚架上。

2. 认识精密光学经纬仪

1）转动脚螺旋，整平仪器，要体会精密光学经纬仪长水准气泡的灵敏性，反复整平，直至仪器转到任何位置时气泡都居中，或者离开中心位置不超过一格。

2）熟悉各螺旋的用途，练习使用。

3）练习用望远镜精确瞄准远处的目标，检查有无视差，如有视差，则转动对光螺旋消除。

4）练习水平度盘的读数与竖直度盘的读数，学会水平度盘的配置方法。

图 2-1　威特 T_3

图 2-2　威特 T_2

图 2-3　蔡司 010B

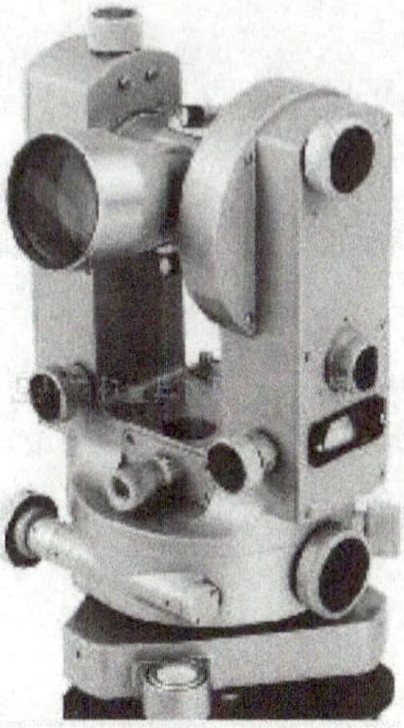

图 2-4　苏光 DJ_2

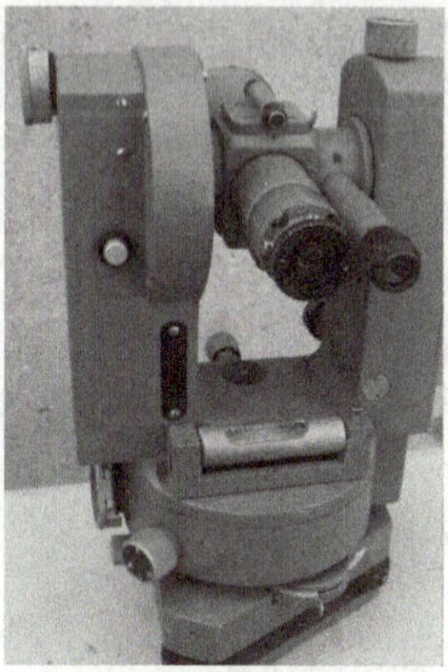

图 2-5　苏光 DJ_{2E}

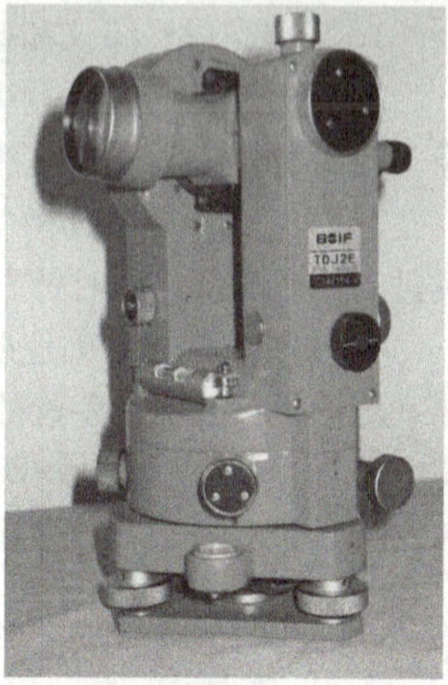

图 2-6　北光 DJ_2

3. 精密光学经纬仪的相关操作

1）仪器的对中、整平。仪器的对中、整平整置方法与普通经纬仪操作方法相同，此处不再赘述。

2）水平角测量练习。照准某一目标，以自己的学号配置水平度盘（如学号为 53010101 号，则配置 301°01′01″），然后照准另一目标，测量两个方向之间的水平角（测一个测回），并将数据记入表 2-1 中。

3）竖直角测量练习。照准某一目标，测量其竖直角（测一个测回），并将数据记入表 2-1 中。

2.1.7 注意事项

1）实训前要复习课本上有关内容，了解实训的内容及要求。

2）严格遵守测量仪器的使用规则。

3）威特 T_3 光学经纬仪是精密测角仪器，在使用过程中必须倍加爱护。除了在思想上重视，在工作过程中还要采取有效措施，以确保仪器正常工作，杜绝损坏仪器的事故发生。

4）每人必须独立进行 DJ_2 光学经纬仪的光学对中、整平、瞄准、读数一整套完整的操作，读数包括水平度盘和竖直度盘的读数。对于每次瞄准目标，应在盘左和盘右观测。

5）竖直度盘读数前，应检查一下竖直度盘指标自动归零补偿器是否正常工作。目视读数镜，按一下支架上的补偿器按钮，此时如果竖直度盘刻划略有摆动，然后又恢复稳定在初始位置，则补偿器工作正常。

6）水平度盘和竖直度盘的读数纪录（见表 2-1）作为实训成果上交。

2.1.8 思考题

1. 精密光学经纬仪和普通光学经纬仪相比较，有何异同点？

2. 顺时针旋转光学测微器测微螺旋时，秒盘读数是增加还是减少？水平度盘分划主像（正像）往左移动还是往右移动？

3. 仔细观察照准部微制动机构，借以理解制动后为什么还能微动？照准部微动螺旋旋进时，照准部是顺时针方向移动还是逆时针方向移动？

4. 水平角观测精确地照准目标时，要求最后用照准部微动螺旋旋进方向照准目标，问观测的目标放在十字丝的左侧还是右侧（指望远镜目镜视场内所见情景）？

5. 以本人的“学号+20”分别为度、分、秒的数值，分别描绘出蔡司 010B、威特 T_2 以及 DJ_2 三种仪器读数窗口的影像图示意图。

表 2-1　水平度盘和竖直度盘读数练习

日期 20____年____月____日　　仪器编号__________　　观测者__________　　记录者__________

测站	目标	竖盘位置	水平度盘读数			竖直度盘读数		
			(°)	(′)	(″)	(°)	(′)	(″)
		盘左						
		盘右						
		盘左						
		盘右						
		盘左						
		盘右						
		盘左						
		盘右						

工作训练 2.2 精密光学经纬仪测角

DJ_2 精密光学经纬仪测角

2.2.1 知识目标

1）了解精密光学经纬仪的基本结构及各螺旋的作用。

2）了解精密光学经纬仪水平度盘及竖直度盘的注记形式及读数方法。

3）掌握竖直角指标差及竖直角的计算。

2.2.2 能力目标

1）能够进行水平度盘读数与竖直度盘读数。

2）能够按要求配置水平度盘。

3）能够用测回法测量角度。

4）能进行竖直角指标差及竖直角的计算。

2.2.3 训练内容

用测回法测量两个方向盘左（盘右）的水平角及竖直角。

2.2.4 训练器具

精密光学经纬仪 1 台，木质三脚架 1 副，自备 3H 铅笔 2 支、记录板 1 块等。

2.2.5 训练方法

先结合教材和多媒体资源，预习相关内容，再按照训练指导进行实操训练。

2.2.6 训练指导

1. 准备工作

1）将经纬仪由箱中取出，双手握住仪器的支架；或一手握住支架，一手握住基座，严禁单手提取望远镜部分，将仪器固定于三脚架上，对中、整平经纬仪。

2）进一步熟悉各螺旋的用途，并练习使用。

3）用望远镜精确瞄准远处的目标，检查有无视差，如有视差，则转动对光螺旋消除。

4）进一步熟悉水平度盘及竖直度盘的读数。

2. 水平角测量

1）选择两个目标，盘左照准某一个目标 A，以自己的学号配置水平度盘（如学号为 53010101 号，则配置 301°01′01″)，读取水平度盘读数，并记入表 2-2 相应单元格中。

2）顺时针旋转照准部，照准另一目标 *B*，读取水平角读数，并记入表 2-2 相应单元格中。

3）盘右，逆时针旋转照准部照准目标 *B*，读取水平度盘读数，并记入表 2-2 相应单元格中；继续逆时针旋转照准部照准目标 *A*，读取水平度盘读数，同样记入表 2-2 相应单元格中。

以上步骤完成了一个测回的水平角测量。

4）根据表 2-2 中数据，计算目标 *A*、*B* 之间的水平角。

3. 竖直角测量

1）盘左，照准目标 *A*，读取竖直度盘读数，并记入表 2-3 对应的单元格中；转动照准部，继续照准目标 *B*，读取竖直度盘读数，同样记入表 2-3 对应的单元格中。

2）盘右，照准目标 *A*，读取竖直度盘读数，并记入表 2-3 对应的单元格中；转动照准部，继续照准目标 *B*，读取竖直度盘读数，同样记入表 2-3 对应的单元格中。

至此，完成了一个测回的竖直角测量。

3）根据表 2-3 中数据，计算目标 *A*、*B* 的指标差及竖直角。

2.2.7 注意事项

1）实训前要复习课本上有关内容，了解实训的内容及要求。

2）严格遵守测量仪器的使用规则。

3）威特 T_3 光学经纬仪是精密测角仪器，在使用过程中必须倍加爱护。除了在思想上重视外，在工作过程中还要采取有效措施，以确保仪器正常工作，杜绝损坏仪器的事故发生。

4）每人必须独立进行 DJ_2 光学经纬仪的光学对中、整平、瞄准、读数一整套完整的操作，读数包括水平度盘和竖直度盘的读数。对于每次瞄准目标，应在盘左和盘右观测。

5）竖直度盘读数前，应检查一下竖直度盘指标自动归零补偿器是否正常工作。目视读数镜，按一下支架上的补偿器按钮，此时如果竖直度盘刻划略有摆动，然后又恢复稳定在初始位置，则补偿器工作正常。

6）水平角测量与竖直角测量的记录计算（见表 2-2、表 2-3）作为实训成果上交。

表 2-2　水平角测量练习

日期 20____年____月____日　　仪器编号__________　　观测者__________　　记录者__________

测站	目标	盘左读数	盘右读数	2C	半测回角值	一测回角值
		(°) (′) (″)	(°) (′) (″)	($L-R\pm180°$)	(°) (′) (″)	(°) (′) (″)

表 2-3　竖直角测量练习

日期 20____年____月____日　　仪器编号__________　　观测者__________　　记录者__________

测站 仪器高	目标	盘左读数	盘右读数	指标差	竖直角	备注
		(°) (′) (″)	(°) (′) (″)	(″)	(°) (′) (″)	

工作依据 2.3
精密光学经纬仪的相关知识

2.3.1 水准器

测角时必须使经纬仪的竖轴与测站铅垂线一致。这样，在仪器结构正确的条件下，才能正确测定所需的角度。要满足这一要求，必须借助于安装在仪器照准部上的水准器，即照准部水准器。照准部水准器一般采用管状水准器。管水准器是用质量较好的玻璃管制成的，将玻璃管的内壁打磨成光滑的曲面，管内注入冰点低、流动性强、附着力较小的液体，并留有空隙形成气泡，将管两端封闭，就成为带有气泡的水准器，如图 2-7 所示。

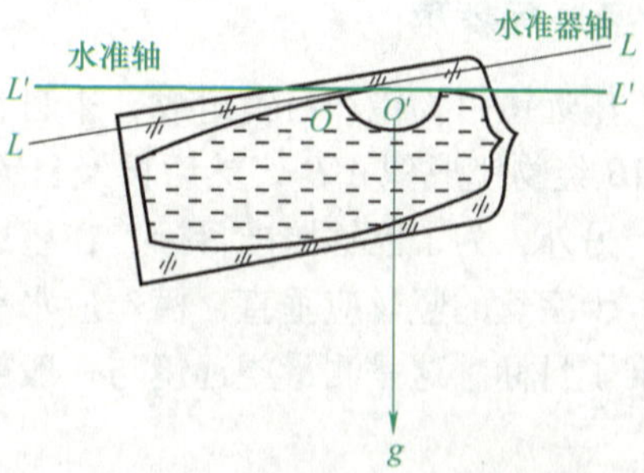

图 2-7　水准轴与水准器轴

1. 水准轴与水准器轴

为了便于观察水准器的倾斜量，在水准管的外壁上刻有若干个分划，分划间隔一般为 2mm，其中间点称为零点。

水准器安置在一个金属框架内，并安装在经纬仪照准部支架上，所以把这种管状水准器称为照准部水准器。照准部水准器框架的一端有水准器校正螺旋，通过校正螺旋，使照准部水准器的水准器轴与仪器竖轴正交。

所谓水准器轴，就是过水准器零点 O，水准管内壁圆弧的切线，如图 2-7 所示。另外，由于水准管内的液体比空气重，当液体静止时，管内气泡永远居于管内最高位置，如图 2-7 中的 O'位置。显然，过 O'作圆弧的切线，此切线总是水平的，称此切线为水准轴。由此可知，使水准轴与水准器轴相重合，即气泡最高点 O'与水准器分划中心 O 重合，这时经纬仪的竖轴与测站铅垂线重合，这个过程称为整置仪器水平。

2. 水准器格值

当水准器倾斜时，水准管内的气泡便会随之移动。不同的水准器，虽然倾斜的角度完全相同，但各自的气泡移动量不会完全相同。这是因为不同的水准器，它们的灵敏度不同。灵敏度以水准器格值表示。所谓水准器格值，就是当水准气泡移动一格时，水准器轴所变动的角度，也就是水准管上的一格所对应的圆心角。

如前所述，水准管的内壁是一圆弧，圆弧的曲率半径越大，水准管上一格所对应的圆心角越小，即水准器格值越小，水准器的灵敏度就越高。如图 2-8 所示，设气泡在水准管内移动一个格 OO'，OO'所对应的圆心角为 τ。若圆弧的半径为 R，则

$$\tau=\frac{OO'}{R} \text{或} \tau''=\frac{OO'}{R}\rho'' \quad (\rho''\text{为常量 } 206265)$$

由于水准器轴与仪器的竖轴正交，若气泡偏离水准器分划零点 n 个格，当水准器格值 τ 已知时，就可以按下式计算出仪器竖轴倾斜的角度 V：

$$V=n\tau$$

即竖轴倾斜角度等于气泡偏离水准器零点的格数乘以水准器格值。

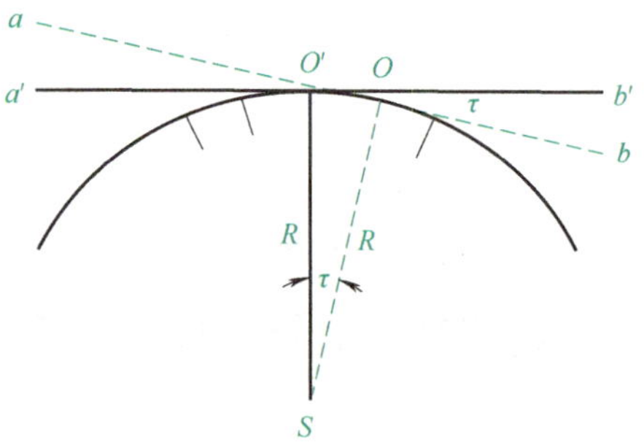

图 2-8　水准器格值示意图

2.3.2 望远镜

望远镜由物镜和目镜组成，来自目标的光线经过透镜折射成像，如图 2-9 所示，目标 AB 经物镜成像 $A'B'$，然后再经目镜成为放大的倒像 $A''B''$。

另外，为了能够照准目标，在望远镜内安装十字丝网，十字丝网的形状如图 2-10 所示。十字丝的竖丝应垂直，横丝应水平。观测水平角时，当目标恰被夹在竖丝中，就算照准了目标。这是测量望远镜与一般望远镜的区别。

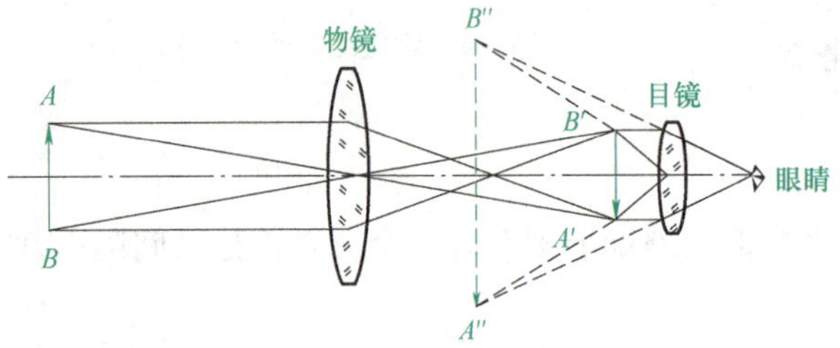

图 2-9　望远镜成像原理

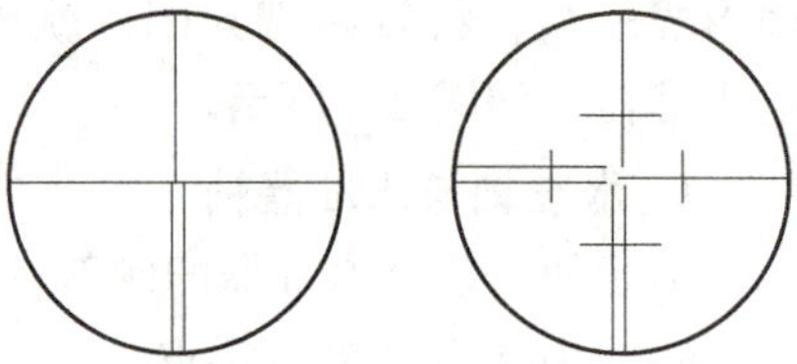

a) 一般望远镜　　b) 测量望远镜

图 2-10　望远镜十字丝网

十字丝的中心与物镜光心的连线称为视准轴。所谓照准，就是使视准轴指向目标，即视准轴与目标在一条直线上。为了能够正确照准目标，要求目标成像恰好落在十字丝网面上。

这样在照准时，观测者的眼睛稍微左右移动时，目标与十字丝网的相对位置才不会改变。否则，就会因观测者眼睛位置不同而产生照准误差，称为视差。

为了使目标恰好落在十字丝网面上，消除视差，在望远镜的物镜与目镜之间，安装一个调焦透镜。调焦透镜可以前后移动，从而改变目标像 $A'B'$ 的位置。这样，对于远近不同的目标，先调整目镜，使十字丝清晰，再调整调焦透镜，使目标像清晰（即目标像落在十字丝网面上），则视差被消除。

综上所述，望远镜由物镜、目镜、十字丝网和调焦透镜四部分组成。物镜和目镜起放大目标像的作用，十字丝与物镜光心构成视准轴供照准目标用；调焦透镜用来调整目标像的位置，起消除视差的作用，其结构如图 2-11 所示。

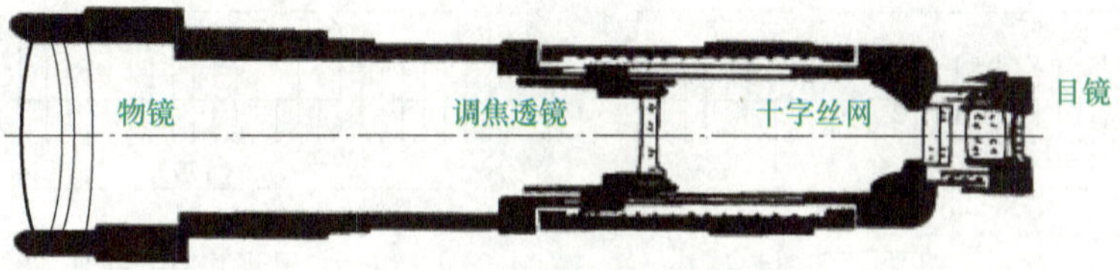

图 2-11　望远镜结构示意图

2.3.3 水平度盘和测微器

经纬仪的水平度盘和测微器是用来量度水平角的重要部件，二者之间以一定的关系结合起来，就能读出照准目标后的水平角或水平方向值。

光学经纬仪的水平度盘都是用玻璃制成的，安置在仪器基座的竖直轴套上，当仪器照准部转动时，要求水平度盘不得转动和移动。

在水平度盘圆周边上精细地刻有等间隔分划线，全周刻 360°，每度一标记，按顺时针方向增值，每度间隔内再等间隔刻有若干个小分划，相邻小分划的间隔值就是该水平度盘的最小分格值。如威特 T_3 经纬仪，在每度间隔内刻有 15 个分格，显然，每个分格值为 4′。由于水平度盘的周长有限，所以度盘的分格很小，只有借助显微镜才能看清分划线。即使这样，也只能估读到 1/10 格，这远不能满足精确测角的要求。因此，需要安置显微测微器，以精确量取不足一格之值。

使用经纬仪进行角度测量，读数是三个环节之一，又由测微器和度盘的作用可知，经纬仪照准目标之后，其读数就是度盘读数和测微器读数之和。那么，只要会读取度盘读数和测微器读数，经纬仪的读数方法即被掌握。

由光学经纬仪光路和测微器结构原理可知，现代精密光学经纬仪一般都采用对径分划同时成像，通过测微器使度盘对径分划线做相向移动并做精确重合，用测微盘量取对径分划像的相对移动量，这种读数方法叫作重合读数法。

重合读数法的基本步骤是：

1）先从读数窗中了解度盘和测微盘的刻度与注记，确定度盘的最小格值。

$$\text{度盘对径最小分格值}\quad G=\frac{1}{2\times\text{度盘上 1 的总格数}}$$

$$\text{测微盘的格值}\quad T=\frac{\text{度盘对径最小分格值 }G}{\text{测微盘总格数}}$$

2）转动测微螺旋，使度盘正倒像分划线精确重合。读取靠近度盘指标线左侧正像分划线的度数 N。

3）读取正像分划线 N 到其右侧对径 180°的倒像分划线（即 $N\pm180°$）之间的分格数 n。

4）读取测微盘上的读数 c，c 等于测微盘零分划线到测微盘指标线的总格数乘测微盘格值 T。

综上所述，可得如下的读数公式：

$$M=N+nG+c$$

综合读数公式，举例进一步说明读数方法：

第一，威特 T_3 经纬仪水平度盘读数方法，如图 2-12 所示。

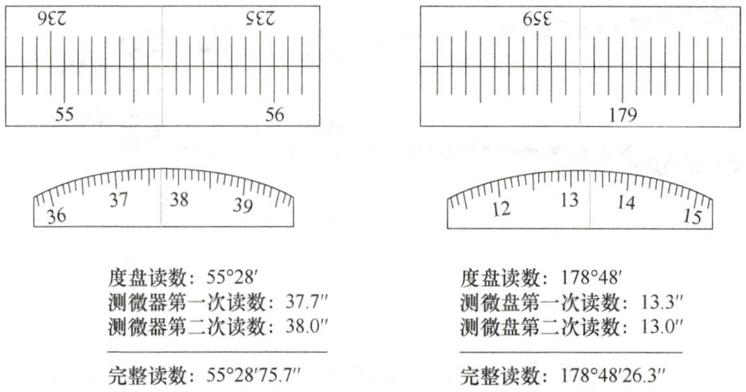

图 2-12　威特 T_3 经纬仪水平度盘读数

第二，威特 T_2、蔡司 010B 经纬仪水平度盘读数方法，如图 2-13 所示。

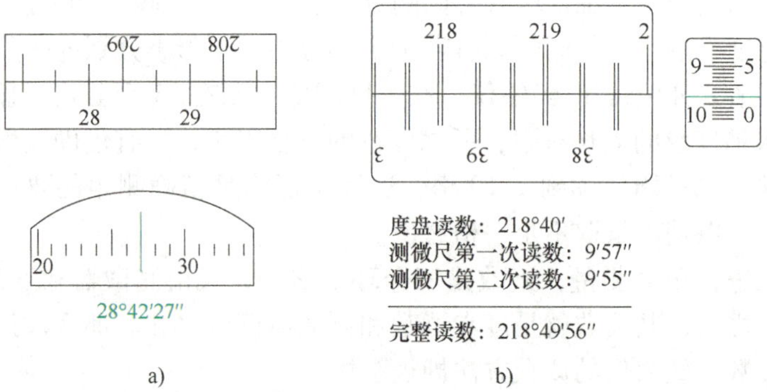

图 2-13　威特 T_2、蔡司 010B 经纬仪水平度盘读数

另外，有些类型的经纬仪，虽然仍采用重合法读数，但读数窗中视场有所更新。图 2-14 就是新威特 T_2 经纬仪度盘读数窗的视场。一看便知，读数应为 94°12′46″。

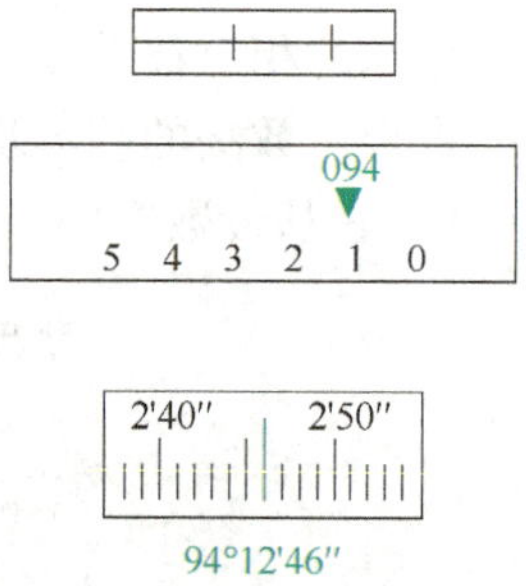

图 2-14　新威特 T_2 经纬仪度盘读数窗

2.3.4　竖直度盘与竖直角

竖直角 α = 视准线在竖直度盘上的读数 − 水平视线在竖直度盘上的读数

为了得到视准线在竖直度盘上的读数，在设计经纬仪时，将望远镜、竖直度盘均固定在水平轴上，并使水平轴与竖直度盘正交且通过其中心。这样，视准线在竖直度盘上的读数为一已知的定数；为了得到水平视线在竖直度盘上的读数，在竖直度盘上安置一个读数指标。用读数指标把水平视线在竖直度盘上的位置标示出来。这时，读数指标在竖直度盘上的读数就是水平视线在竖直度盘上的读数。由此可见，当俯仰望远镜照准目标后，其视准线在竖直度盘上的读数与其水平视线在竖直度盘上的读数之差，就是要测定的竖直角。这就是利用竖直度盘测定竖直角的基本原理。

由于竖直度盘、望远镜均固定在水平轴上，当竖直度盘的刻度确定之后，不论望远镜如何俯仰，照准目标后视准线在竖直度盘上的读数都是固定不变的。也就是说，视准线在竖直度盘上的读数取决于竖直度盘的刻划方法。

1. 竖直度盘刻划

竖直度盘的刻划方法随经纬仪类型不同而不同，刻划方法大致可分为两类：第一类是在度盘的全周上沿逆时针方向由 0°到 360°，且使 90°到 270°分划线的连线与望远镜视准轴平行，如图 2-15 所示。盘左时，视准线在竖直度盘上的读数永为 90°；盘右时，永为 270°。威特 T_2、蔡司 010B 经纬仪都属于这一类。第二类，不是从 0°到 360°，而是从 55°到 125°，对径刻划（即相差 180°的刻划）注记。望远镜视准轴与对径读数均为 90°的刻划线平行。即不论盘左或盘右，视准线在竖直度盘上的读数永为 90°，如图 2-16 所示。威特 T_3 经纬仪就属于这一类。

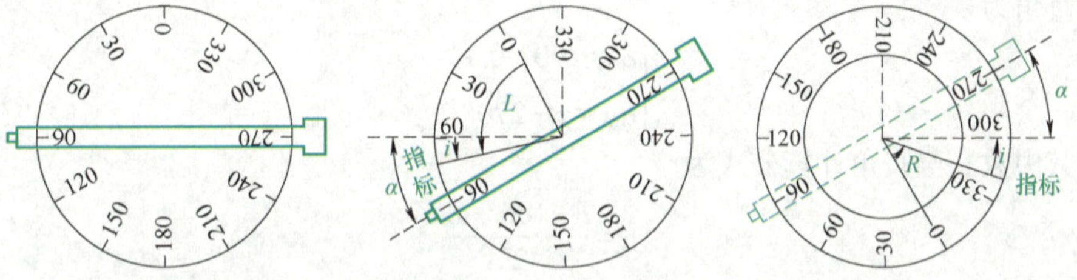

a) 度盘刻划方式　　b) 盘左　　c) 盘右

图 2-15　威特 T_2、蔡司 010B 经纬仪竖直度盘测角示意图

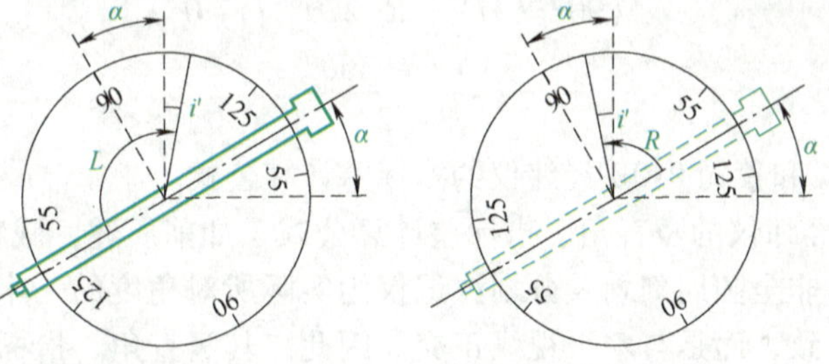

a) 盘左　　b) 盘右

图 2-16　威特 T_3 经纬仪竖直度盘测角示意图

2. 竖直角、指标差计算公式

竖直角是视准线在竖直度盘上的读数与水平视线（即竖直度盘读数指标）读数之差。由于望远镜与竖直度盘固定在一起。这样，视准线在竖直度盘上的读数，将随着竖直度盘刻划方式的不同而不同，所以，其竖直角的计算公式也将不同。

（1）蔡司 010B 和威特 T_2 经纬仪竖直角、指标差计算公式　此类仪器的竖直度盘刻划方式如图 2-15a 所示。其视准线在竖直度盘上的读数，盘左时为 90°（见图 2-15b），盘右时为 270°（见图 2-15c）。

俯仰望远镜照准目标，水平视线（即读数指标）在竖直度盘上的读数，盘左时为 L（见图 2-15b），盘右时为 R（见图 2-15c）。

依照测定竖直角的原理，由图 2-15 可以看出，盘左时，竖直角 $\alpha_{左}$ 为

$$\alpha_{左}=90°-L$$

盘右时，竖直角 $\alpha_{右}$ 为

$$\alpha_{右}=R-270°$$

取盘左、盘右（$\alpha_{左}$、$\alpha_{右}$）的中数，即得竖直角计算公式：

$$\alpha=\frac{R-180°-L}{2}$$

实际上，读数指标的位置不可能完全正确，当指标水准器气泡居中时，读数指标与水平视线总有一夹角 i，称为指标差。存在指标差 i 时，盘左和盘右位置，望远镜视准轴在竖直度盘的读数不受其影响，而水平读数指标的读数分别为 L、R。由图 2-15b、c 可知，L、R 与没有指标差时的正确读数 L_0、R_0 的关系为

$$\begin{cases}L_0=L-i\\R_0=R-i\end{cases}$$

竖直角为

$$\begin{cases}\alpha_{左}=90°-L+i\\\alpha_{右}=R-270°-i\end{cases}$$

取其中数，竖直角计算公式为

$$\alpha=\frac{R-180°-L}{2}$$

通过盘左、盘右观测竖直角，可以消除指标差的影响。

将 $\alpha_{左}$、$\alpha_{右}$ 两式相减，可得

$$(90°-L+i)-(R-270°-i)=0$$

即

$$i=\frac{L+R-360°}{2}$$

这就是威特 T_2 和蔡司 010B 经纬仪的指标差计算公式。

（2）威特 T_3 经纬仪的竖直角、指标差计算公式　如前所述，威特 T_3 经纬仪竖直度盘的刻划特点是：非全圆周刻划及分划注记仅为实际所对角度的一半。另外，读数指标不是与水平视线一致，而是与水平视线正交。因此，其竖直角、指标差的计算公式与威特 T_2、蔡司 010B 经纬仪的不同。由图 2-16 可以看出，盘左、盘右时，望远镜照准目标后其视准轴（即视准线）的读数均为 90°，读数指标的读数分别为 L、R。没有指标差时的正确读数为 L_0、R_0，则

$$\begin{cases}L_0=L-i'\\R_0=R-i'\end{cases}$$

盘左、盘右时，竖直角应为

$$\begin{cases}\alpha_{左}=2\times(L-i'-90°)=2\times(L-90°)-2i'\\\alpha_{右}=2\times(90°-R+i')=2\times(90°-R)+2i'\end{cases}$$

取其中数，得竖直角计算公式：

$$\alpha=L-R$$

将 $\alpha_{左}$、$\alpha_{右}$ 两式相减，得

$$[2\times(L-90°)-2i']-[2\times(90°-R)+2i']=0$$

由于竖直度盘刻划是实际所对角度值的 2 倍，所以

$$i=(L+R)-180°$$

工作自测 2.4

自主学习任务单

自测 2.4.1　认识精密光学经纬仪

1. 学习任务

1）了解精密光学经纬仪的基本结构及各螺旋的作用

2）掌握威特 T_3、威特 T_2、蔡司 010B 以及 DJ_2 等精密光学经纬仪的读数方法

3）能够配置水平度盘的数值

任务	自测标准		学习建议
认识精密光学经纬仪各个部件的名称及功能	□	1）能够准确将精密经纬仪安置于三脚架上	1）通过训练指导、相关知识以及相关课件、教材学习 2）开箱时仔细观察仪器在箱中状态 3）两人一组互相检测，直至所有部件均能掌握名称
	□	2）在三种仪器中，任选 10 个部件均能准确说出其名称	
精密光学经纬仪读数及基本操作	□	1）能够准确进行精密经纬仪的对中、整平	1）通过训练指导、相关知识以及相关课件、教材学习 2）对照普通经纬仪的架设，完成精密经纬仪的架设，并观察其异同点 3）对照教材及实训指导，观察水平度盘、竖直度盘读数窗的状态，调节测微器，重合影像，读出对应的数值 4）两人一组互相检测，完成实训任务
	□	2）在三种仪器中，任选 6 个度盘位置（水平、竖直各 3 个），能够进行重合读数	
	□	3）盘左、盘右照准同一目标，读出水平度盘读数，并计算 $2C$	
	□	4）盘左、盘右照准同一目标，读出竖直度盘读数，并计算指标差与竖直角	
	□	5）将经纬仪正确装箱	

2. 学习笔记

1）精密光学经纬仪和普通光学经纬仪相比较，有何异同点？

2）以本人的“学号+20”分别为度、分、秒的数值，分别描绘出蔡司 010B、威特 T_2 以及 DJ_2 三种仪器读数窗口的影像图示意图

自测 2.4.2 精密光学经纬仪的角度测量

1. 学习任务

1）能够正确地配置水平度盘的数值

2）熟练地对中、整平精密光学经纬仪

3）能够用测回法测量两个方向的水平角与竖直角

<table>
<tr><th>任务</th><th colspan="2">自测标准</th><th>学习建议</th></tr>
<tr><td rowspan="7">精密光学经纬仪读数及水平角与竖直角测量</td><td>☐</td><td>1）能够准确进行精密经纬仪的对中、整平</td><td rowspan="7">1）通过训练指导、相关知识以及相关课件、教材学习
2）对照教材及实训指导，观察水平度盘、竖直度盘读数窗的状态，对径重合读出对应的数值
3）按照训练指导步骤及相关知识内容，用测回法测量水平角与竖直角
4）两人一组互相检测，完成实训任务</td></tr>
<tr><td>☐</td><td>2）以本人的“学号+11”分别为度、分、秒的数值配置度盘</td></tr>
<tr><td>☐</td><td>3）盘左、盘右照准同一目标，读出水平度盘读数，并计算 $2C$</td></tr>
<tr><td>☐</td><td>4）盘左、盘右照准同一目标，读出竖直度盘读数，并计算指标差与竖直角</td></tr>
<tr><td>☐</td><td>5）选择2个目标按测回法测量水平角，并计算水平角值</td></tr>
<tr><td>☐</td><td>6）选择2个目标测量竖直角，并计算指标差及竖直角</td></tr>
<tr><td>☐</td><td>7）将经纬仪正确装箱</td></tr>
</table>

2. 学习笔记

1）写出利用精密光学经纬仪测回法测量水平角的步骤

2）写出利用精密光学经纬仪测量两个目标的竖直角的步骤

工作任务 3

水平角测量

任务目标

1）掌握测回法与方向法观测水平角的方法及要求。

2）掌握观测限差、记录、方向值计算的要求。

3）领会《工程测量标准》（GB 50026—2020）中对方向观测所制定的各项规定。

4）了解测站各项限差要求，学会对方向观测的成果质量进行判别及处理的方法。

素质目标

1）树立“精益求精”的工匠精神，吃苦耐劳的优良品德；坚决反对马虎大意和敷衍了事。

2）培养谨慎谦虚、团结协作，主动配合的精神，形成良好的团队协作能力，能与其他人协调合作，共同测量工作。

3）培养严格执行规范，保证成果质量，爱护仪器设备的精神。

工作任务

1）DJ_6 水平角测量（测回法——2 方向 2 测回）。

2）DJ_6 水平角测量（方向法——4 方向 4 测回）。

3）DJ_2 水平角测量（方向法——4 方向 4 测回）。

4）2″级经纬仪（全站仪）四等水平方向观测（4 方向 9 测回）。

工作训练 3.1

DJ_6 水平角测量（测回法）

DJ_6 水平角测量
（测回法）

3.1.1 知识目标

1）正确理解水平角的概念。
2）掌握经纬仪对中、整平的方法。
3）掌握测回法测量水平角的方法。
4）掌握观测限差、记录、方向值计算的要求。

3.1.2 能力目标

1）能够熟练进行经纬仪的对中、整平。
2）能够按照规范要求，进行水平角观测、记录、计算。

3.1.3 训练内容

观测两个方向、两个测回的水平角。

3.1.4 训练器具

DJ_6 光学经纬仪 1 台，木质三脚架 1 副，自备 3H 的铅笔、记录板等。

3.1.5 训练方法

先结合教材和多媒体资源，完成预习，再根据老师的演示进行实操训练。

3.1.6 训练指导

1. 准备工作

1）安置仪器在测站上，对中、整平。
2）确定零方向。选择一通视良好、目标清晰的点作为起始方向（零方向）。

2. 观测第一测回

1）盘左观测：精确瞄准起始方向，用度盘变换手轮将水平度盘配置在 0°00′左右，读出起始方向的读数并记录在水平观测手簿（见表 3-1）相应的栏中。记录员应复述读数。顺时针旋转照准部，然后照准第二点。读出水平度盘读数，记入相应栏内。

2）盘右观测：倒转望远镜，先瞄准第二点，再逆时针转动仪器，瞄准第一点，读出水平度盘读数，同样记录在水平观测手簿（见表 3-1）相应的栏中。

3. 观测第二测回

将仪器瞄准起始方向，用度盘变换手轮将水平度盘配置在 90°00′左右，操作方法同

第一测回。

4. 观测值计算

完成表 3-1 的计算，如果满足表 3-2 所列观测限差要求，则计算出最终水平角值，否则，重新观测，直至满足限差要求为止。

表 3-2　观测限差（测回法）

仪器名称	测回数	半测回角值的互差	各测回同一方向值的互差
DJ_6	2	36″	24″

3.1.7 注意事项

1）实训前要复习课本上有关内容，了解实训的内容及要求。

2）严格遵守测量仪器的使用规则。

3）DJ_6 光学经纬仪是精密测角仪器，在使用过程中必须倍加爱护。除了在思想上重视外，在工作过程中还要采取有效措施，以确保仪器正常工作，杜绝损坏仪器的事故发生。

4）观测程序及记录要严守操作规程。

5）观测中要注意消除视差。

6）记录者向观测者复述读数后再记，记录中的计算部分应训练用心算进行。

3.1.8 思考题

1. 视差是如何产生的？视差对水平角观测的精度有何影响？如何发现视差？如何消除视差？

2. 水平角观测精确地照准目标时，要求最后用照准部微动螺旋旋进方向照准目标，问观测的目标放在十字丝的左侧还是右侧（指望远镜目镜视场内所见情景）？

表 3-1　水平角观测手簿（测回法）

日期 20____年____月____日　　仪器编号__________　　观测者__________　　记录者__________

测站	竖盘位置	目标	水平度盘读数 (°) (′) (″)	半测回角值 (°) (′) (″)	一测回角值 (°) (′) (″)	各测回平均角值	备注
	左						
	右						
	左						
	右						
	左						
	右						
	左						
	右						
	左						
	右						
	左						
	右						

工作训练 3.2

DJ_6 水平角测量（方向法）

DJ_6 水平角测量（方向法）

3.2.1 知识目标

1）正确理解水平角的概念。
2）掌握经纬仪对中、整平的方法。
3）掌握方向法测量水平角的方法。
4）掌握观测限差、记录、方向值计算的要求。

3.2.2 能力目标

1）能够熟练进行经纬仪的对中、整平。
2）能够按照规范要求，进行 4~6 个方向的水平角观测、记录、计算。

3.2.3 训练内容

观测 4~6 个方向，两个测回的水平角观测。

3.2.4 训练器具

DJ_6 光学经纬仪 1 台，木质三脚架 1 副，自备 3H 的铅笔、记录板等。

3.2.5 训练方法

先结合教材和多媒体资源，完成预习，再根据老师的演示进行实操训练。

3.2.6 训练指导

1. 准备工作

安置仪器在测站上，对中、整平。选择一通视良好、目标清晰的点作为起始方向（零方向）。

2. 观测第一测回

1）盘左观测：精确瞄准起始方向，用度盘变换手轮将水平度盘配置在 0°00′左右，读出起始方向的读数并记入表 3-3 相应的栏中。记录员应复述读数。顺时针旋转照准部，然后照准第 2，3，…，n 点。读出水平度盘读数，记入表 3-3 相应栏内。

2）盘右观测：倒转望远镜，先瞄准第 n 点，再逆时针转动仪器，瞄准各点，读出水平度盘读数，同样记入表 3-3 相应栏内。

3. 观测第二测回

将仪器瞄准起始方向，用度盘变换手轮将水平度盘配置在 90°00′左右，操作方法同

第一测回。

4. 水平角计算

完成表 3-3 的计算，如果满足表 3-4 所列观测限差要求，则计算出最终水平角值，否则，重新观测，直至满足限差要求为止。

表 3-4 观测限差（方向法）

仪器名称	测回数	归零差	各测回同一方向值的互差
DJ_6	2	24″	24″

3.2.7 注意事项

1）实训前要复习课本上有关内容，了解实训的内容及要求。

2）严格遵守测量仪器的使用规则。

3）DJ_6 光学经纬仪是精密测角仪器，在使用过程中必须倍加爱护。除了在思想上重视外，在工作过程中还要采取有效措施，以确保仪器正常工作，杜绝损坏仪器的事故发生。

4）观测程序及记录要严守操作规程。

5）观测中要注意消除视差。

6）记录者向观测者复述读数后再记，记录中的计算部分应训练用心算进行。

3.2.8 思考题

在你的观测成果中：最大的半测回归零差是（　　　　），允许半测回归零差是（　　　　）。最大的方向互差是（　　　　），允许的方向互差是（　　　　），重测了（　　　　）方向。你观测该成果需多少时间？

表3-3　水平角观测手簿（方向法）

日期20____年____月____日　　仪器编号__________　　观测者__________　　记录者__________

照准目标	水平度盘读数		半测回方向值	一测回方向值	各测回平均方向值	备注
	盘　左	盘　右				
	(°) (′) (″)	(°) (′) (″)	(°) (′) (″)	(°) (′) (″)	(°) (′) (″)	

工作训练 3.3

DJ_2 光学经纬仪水平角测量（方向法）

DJ_2 水平角测量（方向法）

3.3.1 知识目标

1）正确理解水平角的概念。

2）掌握精密光学经纬仪对中、整平的方法。

3）掌握精密光学经纬仪方向法测量水平角的方法。

4）掌握观测限差、记录、方向值计算的要求。

3.3.2 能力目标

1）能够熟练进行精密光学经纬仪的对中、整平。

2）能够按照规范要求，进行 4 个方向 4 个测回的水平角观测、记录、计算。

3.3.3 训练内容

用方向法观测 4 个方向 4 个测回的水平角观测。

3.3.4 训练器具

DJ_2 精密光学经纬仪 1 台，木质三脚架 1 副，自备 3H 的铅笔、记录板等。

3.3.5 训练方法

先结合教材和多媒体资源，完成预习，再根据老师的演示进行实操训练。

3.3.6 训练指导

1. 准备工作

1）安置仪器在测站上，对中、整平。

2）选择一通视良好、目标清晰的点作为起始方向（零方向）。

3）将仪器照准零方向，按下式计算出度盘位置值（见表 3-5），从而配置度盘和测微器：

$$\frac{180^\circ}{m}+10'(j-1)+\frac{600''}{m}\left(j-\frac{1}{2}\right) \tag{3-1}$$

式中　m——测回数（$m=4$）；

j——测回序号（$j=1，2，3，4$）。

表 3-5　度盘位置表 1

测回数	Ⅰ	Ⅱ	Ⅲ	Ⅳ
度盘位置	0°02′	45°13′	90°26′	135°38′
测微器位置	30″	45″	15″	45″

2. 水平角观测

1）顺时针旋转照准部 1~2 周后精确照准零方向，进行水平度盘和测微器读数（重合对径分划两次），将读数记入表 3-6 相应栏中。

2）顺时针旋转照准部，精确照准 2 方向，仍按 1）所述方法读数，将读数记入表 3-6 相应栏中；继续顺时针旋转照准部依次进行 3，4，…，n 方向的观测，最后闭合至零方向（当观测方向数≤3 时，可不必闭合至零方向），依次将读数记入表 3-6 相应栏中。

以上构成上半测回。

3）纵转望远镜，逆时针旋转照准部 1~2 周后，精确照准零方向，按上法读数，将读数记入表 3-6 相应栏中。

4）继续逆时针旋转照准部，按上半测回的相反次序依次观测 n，$n-1$，…，3，2 方向直至零方向，同样将读数记入表 3-6 相应栏中。

第 3）、4）步构成下半测回。此时，上、下半测回构成一个测回。

5）按照上述步骤，完成 4 个测回的水平角的观测。

3. 水平方向值计算

完成表 3-6 的计算，如果满足表 3-7 所列观测限差要求，则计算出最终水平角，否则，重新观测，直至满足限差要求为止。

表 3-7　水平角方向观测法的技术要求 1

等级	仪器精度等级	光学测微器两次重合读数之差	半测回归零差	一测回内 2C 互差	同一方向值各测回较差
		(″)	(″)	(″)	(″)
四等及以上	1″级仪器	1	6	9	6
	2″级仪器	3	8	13	9
一级及以下	2″级仪器	—	12	18	12

注：1. 全站仪、电子经纬仪水平角观测时不受光学测微器两次重合读数之差指标的限制。

2. 当观测方向的竖直角超过±3°的范围时，该方向 2C 互差可按相邻测回同方向进行比较，其值应满足表中一测回内 2C 互差的限值。

3.3.7 注意事项

1）实训前要复习课本上有关内容，了解实训的内容及要求。

2）严格遵守测量仪器的使用规则。

3）DJ_2 光学经纬仪是精密测角仪器，在使用过程中必须倍加爱护。除了在思想上重视外，在工作过程中还要采取有效措施，以确保仪器正常工作，杜绝损坏仪器的事故发生。

4）观测程序及记录要严守操作规程。

5）观测中要注意消除视差。

6）记录者向观测者复述读数后再记，记录中的计算部分应训练用心算进行。

7）测微器读数不许涂改。

3.3.8 思考题

1. 什么是方向观测法？何谓补测、重测？

2. 视差是如何产生的？视差对水平角观测的精度有何影响？如何发现视差？如何消除视差？

3. 何谓零方向？对零方向选择有什么要求？

表 3-6　水平角观测记录表（方向法）

第____测回　仪器____　No____　点名________　等级________　日期：____月____日

天气：____　观测者：____　记簿者：____　开始：____时____分　结束：____时____分

方向号数名称及照准目标	读数						左−右±180°(2C)	$\frac{左+右\pm180°}{2}$	方向值	备注
	盘　左			盘　右						
	(°) (′)	(″)	(″)	(°) (′)	(″)	(″)	(″)	(″)	(°) (′) (″)	

工作训练 3.4

四等水平方向观测

全站仪水平角测量（测回法）

3.4.1 知识目标

1）正确理解水平方向的概念。

2）掌握用全圆方向观测法进行四等水平方向观测与记录的方法和操作步骤。

3）领会《工程测量标准》（GB 50026—2020）中对方向观测所制定的各项规定。

4）掌握四等水平方向观测、记录、方向值计算的要求。

5）了解测站各项限差要求，学会对方向观测的成果质量进行判别及处理的方法。

3.4.2 能力目标

1）能够熟练进行精密测角仪器的对中、整平。

2）能够按照规范要求，进行四等水平方向观测、记录、计算。

3.4.3 训练内容

四等水平方向观测、记录、计算（4 个方向 9 个测回的水平方向观测）。

3.4.4 训练器具

DJ_2 精密光学经纬仪或 2″级全站仪 1 台，木质三脚架 1 副，自备 3H 的铅笔、记录板等。

3.4.5 训练方法

先结合教材和多媒体资源，完成预习，再根据老师的演示进行实操训练。

3.4.6 训练指导

1. 水平角观测技术要求

1）水平角观测所使用的全站仪、电子经纬仪和光学经纬仪，应符合下列相关规定：

① 照准部旋转轴正确性指标：水准管气泡或电子水准器长气泡在各位置的读数较差，1″级仪器不应超过 2 格，2″级仪器不应超过 1 格。

② 光学经纬仪的测微器行差及隙动差指标：1″级仪器不应大于 1″，2″级仪器不应大于 2″。

③ 水平轴不垂直于竖轴之差指标：1″级仪器不应超过 10″，2″级仪器不应超过 15″。

④ 补偿器的补偿要求，在仪器补偿器的补偿区间，对观测成果应能进行有效补偿。

⑤ 旋转竖直微动螺旋时，视准轴在水平方向上不产生偏移。

⑥ 仪器的基座在照准部旋转时的位移指标：1″级仪器不应超过 0.3″，2″级仪器不应超过 1″。

⑦ 光学（或激光）对中器的视轴（或射线）与竖轴的重合度不应大于 1mm。

2）水平角观测宜采用方向观测法，并符合下列规定：

① 方向观测法的技术要求，不应超过表 3-8 的规定。

表 3-8 水平角方向观测法的技术要求 2

等级	仪器精度等级	光学测微器两次重合读数之差（″）	半测回归零差（″）	一测回内 2C 互差（″）	同一方向值各测回较差（″）
四等及以上	1″级仪器	1	6	9	6
	2″级仪器	3	8	13	9
一级及以下	2″级仪器	—	12	18	12
	6″级仪器	—	18	—	24

注：1. 全站仪、电子经纬仪水平角观测时不受光学测微器两次重合读数之差指标的限制。
2. 当观测方向的竖直角超过±3°的范围时，该方向 2C 互差可按相邻测回同方向进行比较，其值应满足表中一测回内 2C 互差的限值。

② 当观测方向不多于 3 个时，可不归零。

③ 当观测方向多于 6 个时，可进行分组观测。分组观测应包括两个共同方向（其中一个为共同零方向）。其两组观测角之差，不应大于同等级测角中误差的 2 倍。分组观测的最后结果，应按等权分组观测进行测站平差。

④ 各测回间应配置度盘。度盘配置应符合《工程测量标准》（GB 50026—2020）有关度盘配置的规定——各测回间宜按 180°除以测回数配置度盘。

⑤ 水平角的观测值应取各测回的平均数作为测站成果。

3）三、四等导线的水平角观测，当测站只有两个方向时，应在观测总测回中以奇数测回的度盘位置观测导线前进方向的左角，以偶数测回的度盘位置观测导线前进方向的右角。左右角的测回数为总测回数的一半。但在观测右角时，应以左角起始方向为准变换度盘位置，也可用起始方向的度盘位置加上左角的概值在前进方向配置度盘。

左角平均值与右角平均值之和与 360°之差，不应大于表 3-9 中相应等级导线测角中误差的 2 倍。

表 3-9 水平角方向观测法的技术要求 3

等级	仪器精度等级	半测回归零差（″）	一测回内 2C 互差（″）	同一方向值各测回较差（″）
四等及以上	0.5″级仪器	≤3	≤5	≤3
	1″级仪器	≤6	≤9	≤6
	2″级仪器	≤8	≤13	≤9
一级及以下	2″级仪器	≤12	≤18	≤12
	6″级仪器	≤18	—	≤24

注：当观测方向的竖直角超过±3°的范围时，该方向 2C 互差可按相邻测回同方向进行比较，其值应满足表中一测回内 2C 互差的限值。

4）水平角观测的测站作业，应符合下列规定：

① 仪器或反光镜的对中误差不应大于 2mm。

② 水平角观测过程中，气泡中心位置偏离整置中心不宜超过 1 格。四等及以上等级的水平角观测，当观测方向的竖直角超过±3°的范围时，宜在测回间重新整置气泡位置。有竖轴补偿器的仪器，可不受此款的限制。

③ 如受外界因素（如震动）的影响，仪器的补偿器无法正常工作或超出补偿器的补偿范围时，应停止观测。

④ 当测站或照准目标偏心时，应在水平角观测前或观测后测定归心元素。测定时，投影示误三角形的最长边，对于标石、仪器中心的投影不应大于 5mm，对于照准标志中心的投影不应大于 10mm。投影完毕后，除标石中心外，其他各投影中心均应描绘两个观测方向。角度元素应量至 15′，长度元素应量至 1mm。

5）水平角观测误差超限时，应在原来度盘位置上重测，并应符合下列规定：

① 一测回内 2C 互差或同一方向值各测回较差超限时，应重测超限方向，并联测零方向。

② 下半测回归零差或零方向的 2C 互差超限时，应重测该测回。

③ 若一测回中重测方向数超过总方向数的 1/3 时，应重测该测回。当重测的测回数超过总测回数的 1/3 时，应重测该站。

6）首级控制网所联测的已知方向的水平角观测，应按首级网相应等级的规定执行。

7）每日观测结束，应对外业记录手簿进行检查，当使用电子记录时，应保存原始观测数据，打印输出相关数据和预先设置的各项限差。

2. 实训步骤

一测回的操作步骤：

1）先选择好远距离的边长均匀的四个以上方向的目标。

2）安置仪器后，将仪器照准零方向，按式（3-1）计算或度盘位置表（见表 3-10）配置度盘和测微器。

表 3-10　度盘位置表 2

测回数	Ⅰ	Ⅱ	Ⅲ	Ⅳ	Ⅴ	Ⅵ	Ⅶ	Ⅷ	Ⅸ
度盘位置	0°00′	20°04′	40°08′	60°12′	80°16′	100°20′	120°24′	140°28′	160°32′
测微器位置	03″	10″	17″	23″	30″	37″	43″	50″	57″

3）顺转照准部 1~2 周后精确照准零方向，进行水平度盘和测微器读数（重合对径分划两次），将读数记入表 3-11 相应栏中。

4）顺转照准部，精确照准 2 方向，仍按上述方法读数；顺转照准部依次进行 3，4，…，n 方向的观测，最后闭合至零方向（当观测方向数≤3 时，可不必闭合至零方向），将读数记入表 3-11 相应栏中。

以上构成上半测回。

5）纵转望远镜，逆转照准部 1~2 周后，精确照准零方向，按上法读数，将读数记入表 3-11 相应栏中。

6）逆转照准部，按上半测回的相反次序依次观测 n，$n-1$，…，3，2 直至零方向，同样将读数记入表 3-11 相应栏中。第 5）、6）步构成下半测回。此时，上、下半测回构成一个测回。

7）按照上述步骤，完成 9 个测回的水平方向的观测。

3. 水平方向值计算

完成表 3-11 的计算，如果满足表 3-9 所列观测限差要求，则计算出最终水平方向值，否则，计算重测方向数，判断重测的方向，按要求重新观测，直至满足限差要求为止。

3.4.7 注意事项

1）实训前要复习课本上有关内容，了解实训的内容及要求。

2）严格遵守测量仪器的使用规则。

3）DJ_2 光学经纬仪是精密测角仪器，在使用过程中必须倍加爱护。除了在思想上重视外，在工作过程中还要采取有效措施，以确保仪器正常工作，杜绝损坏仪器的事故发生。

4）观测程序及记录要严格遵守操作规程。

5）观测中要注意消除视差。

6）记录者向观测者复述读数后再记，记录中的计算部分应训练用心算进行。

7）测微器读数不许涂改。

3.4.8 思考题

1. 进行方向观测时应遵守哪些规定？对记录有何要求？什么叫作连环涂改？为什么要严禁连环涂改？

2. 国家规范对一个测站上的方向观测有哪些限差规定？自觉遵守这些限差的目的是什么？根据测站和照准目标的具体情况等方面来分析超限的原因。

3. 概略照准目标时，观测目标应位于十字丝的左侧还是右侧？为什么？

4. 为何各测回间应变换度盘位置？

表 3-11 水平角观测记录表（全圆方向观测法）

第____测回 仪器____ No____ 点名________ 等级________ 日期：____月____日

天气：____ 观测者：____ 记簿者：____ 开始：____时____分 结束：____时____分

方向号数名称及照准目标	读数						左-右 (2C)	$\frac{左+右}{2}$	方向值	备注
	盘 左			盘 右						
	(°)(′)	(″)	(″)	(°)(′)	(″)	(″)	(″)	(″)	(°)(″)(″)	

工作依据 3.5
水平角测量的相关知识

角度测量是测量的三项基本工作之一，角度分为水平角和竖直角。

3.5.1 水平角测量原理

1. 水平角的概念

水平角是从一点引出两条空间直线，它们的同一水平面上的垂直投影线之间的夹角，也就是两空间直线在水平面上的投影之间的夹角即二面角，称为水平角，如图 3-1 所示。水平角的取值范围是 0°~360°。

2. 水平角测量原理

如图 3-1 所示，O、A、B 为地面上的任意三点，其高度可能不同，将其分别沿铅垂线方向投影到水平面上，其投影点分别为 O_1、A_1、B_1，直线间的夹角即为水平角，在进行测量时，若仪器内部用一个带有刻度的水平度盘来代替水平面，度盘上即可读出 O_1A_1 和 O_1B_1 的方向值 a 和 b，两方向值之差即为水平角。$\beta=b-a$，β 即为两直线间的水平角。测量角度的仪器有光学经纬仪、电子经纬仪和全站仪。

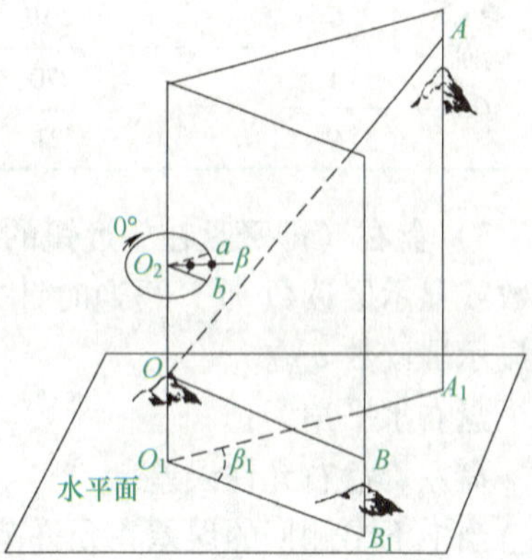

图 3-1　水平角测量原理

3.5.2 测回法测量水平角

测回法是观测水平角的一种最基本的方法，常用于观测两个方向的单个水平夹角。如图 3-2 所示，观测 β 角步骤如下：

1）在 O 点安置经纬仪：对中、整平、调焦、照准。

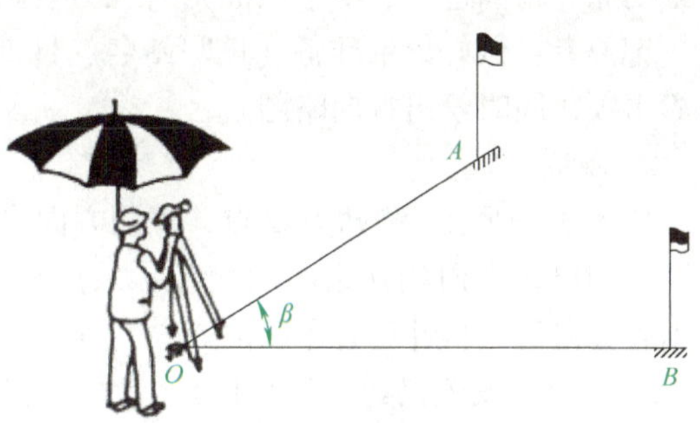

图 3-2　测回法测量水平角

2）盘左（即竖盘在望远镜的左侧，又称正镜），先瞄准左方目标 A，将度盘变换手轮处于弹入状态，转动度盘变换手轮使水平度盘读数为 0°00′00″，然后读取度盘读数 $a_{左}$；若是电子经纬仪，则瞄准目标 A 点后，按下屏幕下方的置零键，再读取屏幕显示读数 $a_{左}$，记入观测手簿，见表 3-12。

松开水平制动螺旋，顺时针方向转动照准部瞄准右方目标 B，读取水平度盘读数或显示屏上显示的读数 $b_{左}$，记入观测手簿。

盘左水平角为：　　　$\beta_{左}=b_{左}-a_{左}$（称为：上半个测回）

表 3-12　测回法测水平角记录表

测站	目标	度盘位置	水平度盘读数			半测回角值			一测回平均角值			各测回平均值		
			(°)	(′)	(″)	(°)	(′)	(″)	(°)	(′)	(″)	(°)	(′)	(″)
第 1 测回 O	A	左	0	06	24	111	39	54	111	39	51	111	39	52
	C		111	46	18									
	A	右	180	06	48	111	39	48						
	C		291	46	36									
第 2 测回 O	A	左	90	06	18	111	39	48	111	39	54			
	C		201	46	06									
	A	右	270	06	30	111	40	00						
	C		21	46	30									

3）盘右（即竖盘在望远镜的右侧，又称倒镜），先瞄准右方目标 B，读记水平度盘读数或显示屏读数 $b_{右}$，再逆时针方向转动照准部，瞄准左方目标 A，读取水平度盘读数或显示屏读数 $a_{右}$。

盘右水平角为：　　　$\beta_{右}=b_{右}-a_{右}$

盘左、盘右允许误差：　　$\beta_{左}-\beta_{右}\leqslant\pm40''$

当上下半测回的误差在允许范围内时，取其平均值作为一测回的水平角，即

$$\beta=(\beta_{左}+\beta_{右})/2$$（上半个测回与下半个测回合称一测回）

3.5.3 方向观测法测量水平角

1. 观测前的准备

观测者：架设仪器、对中、整平、寻找目标、选定零方向目标（要求：目标清晰、背景明亮、距离适中、易于照准），目的是保证零方向的观测精度。

记簿者：做好记录准备（填写站名、日期、观测者姓名和记录者姓名、仪器号、气象等事项，同时绘出方向略图）。

2. 观测

如图 3-3 所示，测站为 O 点，观测方向有 A、B、C、D 四个。为测出各方向相互之间的角值，采用全圆方向观测法先测出各方向值，再计算各角度值。

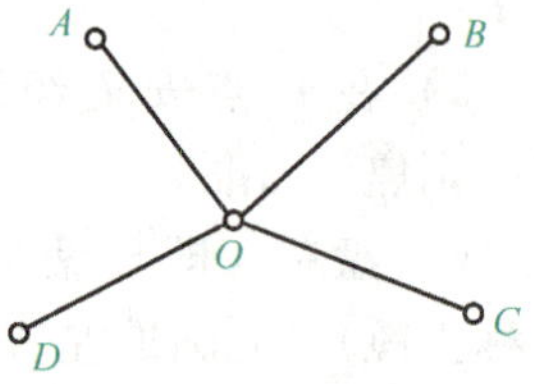

图 3-3　方向观测法测量水平角

在 O 点上安置仪器（经纬仪），盘左位置，瞄准第一个目标（零方向目标，要求成像清晰稳定、通视好、距离适中的目标），旋紧水平制动螺旋，转动水平微动螺旋精确瞄准，配置水平度盘为零度（一般略大于零度），这一步骤称为归零，同时记录数据于表格的对应栏中，完成上半测回的观测工作。

纵转望远镜成盘右位置，逆时针方向旋转照准部，照准 A 目标，读数并记录，按上

半测回相反的次序观测 *D*、*C*、*B* 目标，读数记录，最后再观测 *A* 目标（下半测回归零），同时记录数据于表格中。完成下半测回的观测工作。

上、下两个半测回称为一测回。

若要观测多个测回，则各测回间按 180°/*n* 的差值，来配置水平度盘。

3. 记录计算

记录按表 3-13 要求进行填写。

表 3-13　方向观测法测水平角记录表

目标及方向	度盘读数		半测回方向值	一测回方向值	各测回平均方向值
	盘左	盘右			
	(°) (′) (″)	(°) (′) (″)	(°) (′) (″)	(°) (′) (″)	(°) (′) (″)
	18	06			
A	00　02　12	180　02　06	0　00　00	0　00　00	
B	50　33　54	230　33　18	50　31　36	50　31　24	
			12		
C	115　27　06	295　27　00	115　24　48	115　24　51	
			54		
D	192　52　42	12　52　30	192　50　24	192　50　24	
			24		
A	00　02　24	180　02　06			
归零差	+12	0			

测站限差要求：

1）半测回归零差：≤±18″。

2）同一方向值各测回间互差≤±24″。

注意：在上、下两个半测回中，都是重复照准零方向 *A*（称为归零）。这种半测回归零法又称为全圆方向法。通常是观察方向数大于 3 个时规定采用此法。归零两次读数差称为归零差。

注意事项：

1）仪器高度要与观测者的身高相适应；三脚架要踩紧，仪器与脚架连接要牢固；操作仪器时不要用手扶三脚架，转动照准部和望远镜之前，应先松开制动螺旋，使用各种螺旋时用力要轻。

2）观测前一定要严格对中，尤其是短边观测，对中要求应更为严格。

3）当观测目标间高低相差较大时，应注意仪器的整平。

4）目标应尽量立直，测量水平角应尽量照准目标的底部。

5）记录要清楚，记录一律用铅笔进行，当场计算，发现错误时应立即重测。

6）一测回中不得重新调整管水准器，若观测过程中发现气泡偏离，其偏离量不超过一格时，将本测回测完，测完本测回后观测下一测回之前应整平气泡；若偏离量超过一格时，应停止观测，整平后重新开始观测。

3.5.4 水平角测量主要误差来源

水平角测量误差来源主要有：仪器误差、观测误差和外界条件影响等误差。

1. 仪器误差

仪器误差的来源主要有两个方面：一方面是仪器校验后还存在着残余误差。它主要是仪器的三轴误差（即视准轴误差、横轴误差和竖轴误差），其中，视准轴误差和横轴误差，均可通过盘左、盘右观测的平均值来消除，而竖轴误差不能用正、倒镜观测来消除。另一方面是仪器制造加工不完善而引起的误差，主要有度盘刻划不均匀误差、照准部偏心（照准部旋转中心与度盘刻划中心不一致）和水平度盘偏心差（度盘旋转中心与度盘刻划中心不一致），这一类误差一般都很小，并且大多数都可以在观测过程中采取相应的措施消除或减弱它们的影响。因此，在观测前除了应认真校验、校正照准部水准管外，还应仔细地进行整平仪器。

2. 观测误差

（1）仪器对中误差　安置经纬仪没有严格对中，使仪器中心与测站中心不在同一铅垂线上引起的角度误差，称为对中误差。水平角观测时，由于仪器对中不精确，致使仪器中心没有对准测站点 O 而偏于 O' 点，OO' 之间的距离 e 称为测站点的偏心距，如图 3-4 所示。

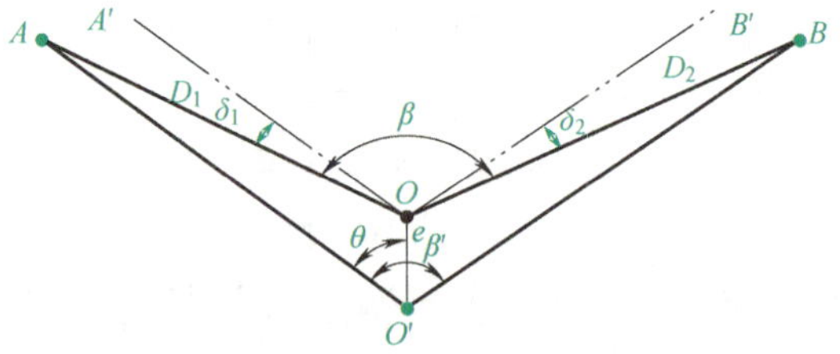

图 3-4　仪器对中误差示意图

O 为测站点，A、B 为观测目标，O' 为仪器中心。OO' 为对中误差，其长度称为偏心距，以 e 表示。过 O 点作 $OA' /\!/ O'A$，$OB' /\!/ O'B$，则对中误差对水平角的影响为

$$\Delta\beta=\beta-\beta'=\delta_1+\delta_2 \tag{3-2}$$

因偏心距 e 较小，故 δ_1 和 δ_2 为小角度，于是可近似地把 e 看作一段小圆弧。

设 $OA'=D_1$，$OB'=D_2$，则有

$$\delta_1=\frac{e\sin\theta}{D_1}\rho$$

$$\delta_2=\frac{e\sin(\beta'-\theta)}{D_2}\rho$$

$$\Delta\beta=\delta_1+\delta_2=\left[\frac{\sin\theta}{D_1}+\frac{\sin(\beta'-\theta)}{D_2}\right]e\rho \tag{3-3}$$

从式（3-3）可看出，对中误差对于水平角的影响与偏心距离 e、偏心距 e 的方向、水平角大小以及测站到目标的距离有关。因此，在边长较短或观测角度接近 180°时，应特别注意对中。

（2）目标偏心误差　在测量照准目标时，往往不是直接瞄准地面点上标志点本身，而是瞄准标志点上的目标，要求照准点的目标应严格位于地面点的铅垂线上，因照准标志没有竖直，使照准部位和地面点不在同一铅垂线上，将产生照准点上的目标偏心误差，如图 3-5 所示。其影响与仪器对中误差的影响类同。即

$$e=L\sin\alpha$$

$$\delta=\frac{e}{D}\rho=\frac{L\sin\alpha}{D}\rho \tag{3-4}$$

从式（3-4）可看出目标偏心误差对水平角观测的影响与偏心距 e 成正比，与距离 D 成反比。也就是偏心距越大，边长越短影响就越大。因此照准花杆目标时，应尽可能照准花杆底部，当测角边长较短时，应当用线锤对点。

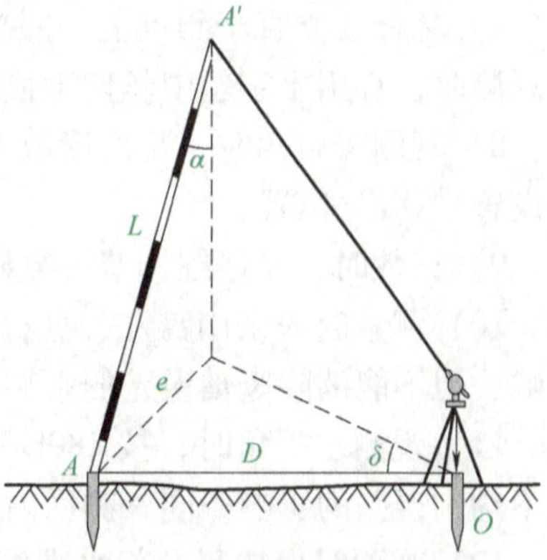

图 3-5 目标偏心误差示意图

（3）整平误差　因照准部水准管气泡不居中，将导致竖轴倾斜而引起的角度误差称为整平误差，该项误差不能通过正倒镜观测来消除。竖轴倾斜对水平角的影响和测站点到目标点的高差成正比。因此，在观测过程中，尤其是在山区作业时，应特别注意整平。

（4）瞄准误差　测角时由人眼通过望远镜瞄准目标产生的误差称为瞄准误差。影响瞄准误差的因素很多，如望远镜的放大倍数、人眼的分辨率、十字丝的粗细、标志形状和大小、目标亮度与颜色等，通常以人眼最小分辨率视角（60″）和望远镜的放大倍率 v 来衡量仪器的照准精度，即 $m_v=\frac{60''}{v}$。

对于 DJ_6 型经纬仪，$v=28$，$m_v=\pm2.2''$。

（5）读数误差　读数误差主要取决于仪器的读数设备、照明情况和观测员经验，其中读数设备影响较大。DJ_6 型经纬仪一般只能估读到±6″。如照明条件不好，操作不熟练或读数不仔细，读数误差可能超过±6″。读数时，要仔细调节读数显微镜和读数窗的光亮。掌握估读小数的方法。

3. 外界条件影响

角度观测是在自然界中进行的，自然界中各种因素都会对观测的精度产生影响。例如，地面不坚实或刮风会使仪器不稳定；大气能见度的好坏和光线的强弱会影响照准和读数；温度变化使仪器各轴线几何关系发生变化等。要完全消除这些影响是不可能的，只能采取一些措施，如选择成像清晰、稳定的天气条件和时间段观测，观测中给仪器打伞避免阳光对仪器直接照射等，以减弱外界不利因素的影响。

3.5.5 注意事项

1）布设测量点位时，注意避开松软的土壤和建（构）筑物。

2）观测前应严格检校仪器。

3）选择成像清晰、稳定的天气条件和时间段观测，在晴天观测时应撑伞遮阳，防止仪器暴晒，中午最好不要观测。

4）仪器安置的高度要合适，三脚架要踩牢，仪器与三脚架连接要牢固；观测时不要手扶或碰动三脚架，转动照准部和使用各种螺旋时，用力要轻。

5）在边长较短或观测角度接近 180°时，应特别注意对中。

6）在观测过程中，尤其是在山区作业时，应特别注意整平。

7）标杆要立直于测点上，照准花杆目标时，应尽可能照准花杆或测钎底部。竖直角观测时，宜用十字丝中丝切于目标的指定部位。

8）观测竖直角时，每次读数之前，必须使竖盘指标水准管气泡居中或自动归零开关设置“ON”位置。

9）读数时，要仔细调节读数显微镜和读数窗的光亮。掌握估读小数的方法。

10）测量时应采用盘左、盘右观测取平均值的方法，消除视准轴误差、横轴误差的影响，但不能消除竖轴误差的影响。

11）观测水平角时，按 $180°/n$ 变换水平度盘位置，各测回配置度盘，削弱度盘分划不均匀误差的影响；同一测回内不能转动度盘变换手轮或按水平度盘复测扳钮。

12）观测时保持照准部水准管气泡居中；观测过程中气泡偏离量应<1 格，否则应重新对中整平操作。

13）不要把水平度盘和竖直度盘读数弄混淆；记录要清楚，并当场计算校核，若误差超限应查明原因并重新观测。

工作自测 3.6

自主学习任务单

自测 3.6.1　测回法测量水平角（DJ_6光学经纬仪）

<table>
<tr><td colspan="2">1. 任务</td><td colspan="3">在规定的时间内，用测回法测量图中水平角 β 的角值
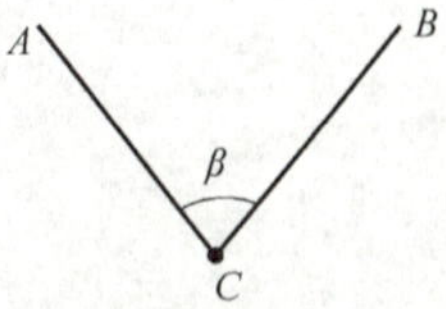
</td></tr>
<tr><td colspan="2">2. 任务说明</td><td colspan="3">在 10min 之内，用测回法测量图中水平角 β 的角值
1）角度 β 要求测量 2 个测回，半测回角度差为 18″，一测回角度差为 24″
2）2 人一组，每人独立完成 2 测回的观测与记录、计算
3）一人观测完成后交换角色，注意组员的协调配合
4）时间从支脚架开始计时</td></tr>
<tr><td colspan="2">3. 仪器、设备、场地</td><td colspan="3">1）DJ_6 经纬仪 1 台，记录板 1 块，2H 或 3H 铅笔 2 支
2）在文化广场进行或运动场边进行</td></tr>
<tr><th>序号</th><th>项目名称</th><th>质量要求</th><th>评分细则</th><th>得分</th></tr>
<tr><td>1</td><td>不合格成果
（0 分）</td><td>满足规范要求</td><td>1）原始观测记录用橡皮擦
2）测站限差超限
3）原始记录分以下的数字划改或涂改及连环改动</td><td></td></tr>
<tr><td>2</td><td>仪器的安置
（10 分）</td><td>对中在小圈内，气泡偏离不超过 1 格</td><td>1min 以内不扣分，超过 1min，扣 1 分/10s，扣完为止</td><td></td></tr>
<tr><td>3</td><td>观测与记录
（40 分）</td><td>按测量规范要求操作</td><td>下列情形出现一次扣 2 分：
1）记录转抄观测原始记录划改不注明错误原因或注明原因不规范
2）手簿缺少计算项或计算错误
3）就字改字或字迹模糊影响识读
4）观测手簿非单横线或不用尺子随意划改</td><td></td></tr>
<tr><td>4</td><td>计算
（20 分）</td><td>计算正确无误</td><td>计算错误一处扣 2n 分（n 为影响后续计算的项数），扣完为止</td><td></td></tr>
<tr><td>5</td><td>效率（速度）
（30 分）</td><td>快速、高效完成</td><td>6min 内完成不扣分，超过 6min，扣 4 分/30s，扣完为止</td><td></td></tr>
<tr><td colspan="4">总计得分</td><td></td></tr>
<tr><td colspan="5">小组成员：</td></tr>
</table>

自测 3.6.2 测回法测量水平角（2″级经纬仪或全站仪）

1. 任务	用全圆方向观测法测量图中各方向的水平方向值 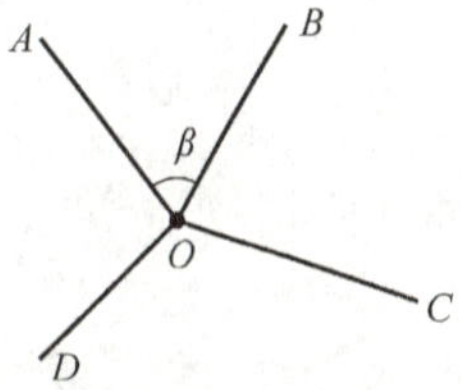
2. 任务说明	在 30min 内，用全圆方向观测法测量 4 个方向 4 个测回的水平方向值 1）每人独立完成一个测站 4 个方向 4 个测回水平方向值的观测、记录、计算 2）限差要求：归零差 8″，2C 互差 13″，方向值互差 9″ 3）以 2 人为 1 组，1 人观测，1 人记录。全站测回完成后，互换角色 4）时间从支脚架开始，到上次记录手簿、收起脚架结束
3. 仪器、设备、场地	1）2″级经纬仪或全站仪 1 套，记录板 1 块，2H 或 3H 铅笔 2 支 2）实训场进行

序号	项目名称	质量要求	评分细则	得分
1	不合格成果 （0 分）	满足规范要求	1）原始观测记录用橡皮擦 2）测站限差超限 3）原始记录分以下的数字划改或涂改及连环改动	
2	仪器的安置 （10 分）	对中在小圈内，气泡偏离不超过 1 格	1min 以内不扣分，超过 1min，扣 1 分/10s，扣完为止	
3	观测与记录 （40 分）	按测量规范要求操作	下列情形出现一次扣 2 分： 1）记录转抄观测原始记录划改不注明错误原因或注明原因不规范 2）手簿缺少计算项或计算错误 3）就字改字或字迹模糊影响识读 4）观测手簿非单横线或不用尺子随意划改	
4	计算 （20 分）	计算正确无误	计算错误一处扣 $2n$ 分（n 为影响后续计算的项数），扣完为止	
5	效率（速度） （30 分）	快速、高效完成	20min 内完成不扣分，超过 20min，扣 1.5 分/30s，扣完为止	
总计得分				
小组成员：				

工作任务 4

距离测量及直线定线

任务目标

1）掌握直线定向、直线定线的常用方法。
2）掌握钢尺的一般量距方法。
3）掌握普通视距测量的观测和计算方法。
4）熟悉罗盘仪的构造和操作方法。
5）能利用钢尺、经纬仪等工具进行距离测量。
6）能够进行坐标方位角的推算。
7）能够计算直线的正反方位角。

素质目标

1）树立“精益求精”的工匠精神，吃苦耐劳的优良品德。
2）养成“安全第一、谨慎谦虚、团结协作”的责任意识。
3）培养严格执行规范，严守国家机密的责任感。

工作任务

1）钢卷尺量距、视距测量及磁方位角的测定。
2）坐标方位角的推算及坐标正反算。

工作训练 4.1

钢卷尺量距、视距测量及磁方位角的测定

4.1.1 知识目标

1）掌握钢卷尺丈量距离的方法。

2）掌握视距测量的原理及计算方法。

3）正确理解边长相对中误差的概念。

4）掌握磁方位角的测定方法。

4.1.2 能力目标

1）能够利用钢卷尺丈量大于一尺段长度的边长丈量，并计算边长相对中误差。

2）能够熟练地进行视距测量及距离与高差计算。

3）能够利用罗盘仪进行边长的磁方位角的测定。

4.1.3 训练内容

1）广场对角线的距离测量与方位角测定。

2）边长（距离）相对中误差的计算。

4.1.4 训练器具

DJ_6 光学经纬仪 1 台，木质三脚架 1 副，罗盘仪 1 套，50m 钢卷尺 1 把，自备 3H 铅笔、记录板等。

4.1.5 训练方法

先结合教材和多媒体资源，完成预习，然后按照训练指导进行实际操作。

4.1.6 训练指导

1. 准备工作

在文化广场对角线上选取 *A*、*B* 两点（见图 4-1），*AB* 两点相距约 60m，并在 *A*、*B* 处贴上测量标志贴（见图 4-2），作为定位标志。

2. 钢卷尺量距

1）用仪器（经纬仪或罗盘仪）在 *A*、*B* 两点连线上标定一点 *C*，将 *AB* 分为两段（也可以目估确定 *C* 点），如图 4-1 所示。

2）用钢卷尺分别往返丈量测段 *AC*、*BC* 的距离，每次丈量三次，每次应移动 1~

2cm，三次丈量最大误差应小于 2mm，将每次的读数记入表 4-1 相应的单元格中。

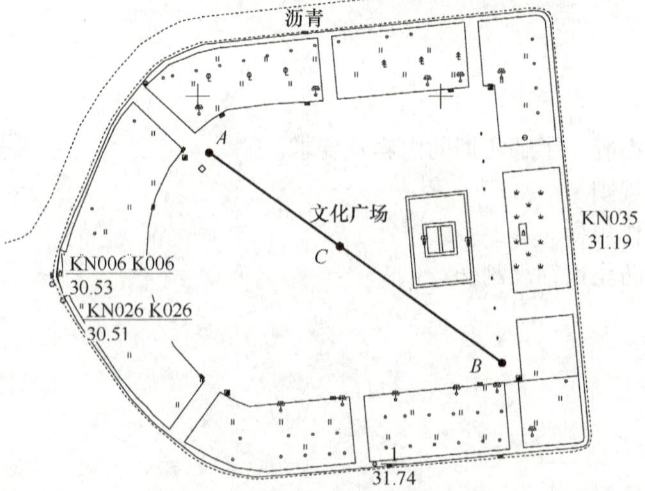

图 4-1　实训场地的选取示意图

图 4-2　测量标志贴

3）取每测段三次丈量的距离均值作为丈量的结果。

4）按下式计算每测段往返丈量的边长相对中误差：

$$\frac{m_D}{D}=\frac{|D_{往}-D_{返}|}{D}=\frac{1}{\frac{D}{|D_{往}-D_{返}|}}$$

如果边长相对中误差在表 4-2 所列限差之内（边长相对中误差 $m_D/D=(D_{往}-D_{返})/D \leqslant 1/5000$），取往返丈量的均值作为距离丈量结果，否则重新丈量，直至满足限差要求为止。

5）计算最终的 A、B 的距离。

表 4-2　观测限差

钢尺量距相对中误差	视距测量相对中误差
1/5000	1/300

3. 视距测量

1）往测：在 A 点安置经纬仪，在 B 点竖立标尺，读取视距，并读取竖直角，将读数记入表 4-3 中。

2）返测：在 B 点安置经纬仪，在 A 点竖立标尺，读取视距，并读取竖直角，将读数同样记入表 4-3 中。

3）计算出水平距离 $D=kl\cos^2\alpha$，以及边长相对中误差。

4）如果往返测量的边长相对中误差满足表 4-2 所列限差要求，取往返测的均值作为视距测量结果，否则重新测量，直至满足限差要求为止。

4. 磁方位角测量

1）往测：在 A 点安置罗盘仪，在 B 点设立标杆，测定 AB 的磁方位角 α_{AB}。

2）返测：在 B 点安置罗盘仪，在 A 点设立标杆，测定 BA 的磁方位角 α_{BA}。

3）比较磁方位角 α_{AB} 与 α_{BA}，α_{AB} 与 α_{BA} 应该相差 $\pm180°$，如果磁方位角相差不等于 $\pm180°$ 应查明原因。

4.1.7 注意事项

1）实训前要复习课本上有关内容，了解实训的内容及要求。

2）严格遵守测量仪器的使用规则。

3）观测程序及记录要严守操作规程。

4）钢尺量距时务必戴手套，防止被钢尺割伤。

表 4-1　钢尺量距手簿

日期 20____年____月____日　　　　　测量者__________　　　　　记录者__________

尺段	次数	前尺读数/m	后尺读数/m	尺段长度/m	尺段长度中数/m	边长/m	边长相对中误差	备注

表 4-3　视距测量手簿

日期 20____年____月____日　　　　　测量者__________　　　　　记录者__________

测站	目标	上丝读数	下丝读数	中丝读数	竖直角	水平距离/m	备注
					(°)(′)(″)		

工作训练 4.2
坐标方位角的推算及坐标正反算

4.2.1 知识目标

1）正确理解坐标方位角的概念。
2）掌握方位角推算方法。
3）掌握坐标正反算的方法。

4.2.2 能力目标

1）能够进行坐标方位角的推算。
2）能够进行坐标正反算。

4.2.3 训练内容

1）坐标方位角的推算。
2）坐标正反算。

4.2.4 训练器具

3H 铅笔、计算器等。

4.2.5 训练方法

先结合教材和多媒体资源，完成预习，然后按照老师演示进行实操训练。

4.2.6 训练指导

1. 如图 4-3 所示，已知 $\alpha_{AB}=68°57'36''$，$\beta_B=68°57'36''$，$\beta_1=198°07'36''$，$\beta_2=98°51'24''$，$\beta_3=208°27'36''$，求各边的方位角。

2. 如图 4-4 所示，已知 $\alpha_{CD}=78°28'36''$，$\beta_C=198°26'06''$，$\beta_1=188°17'42''$，求各边的方位角。

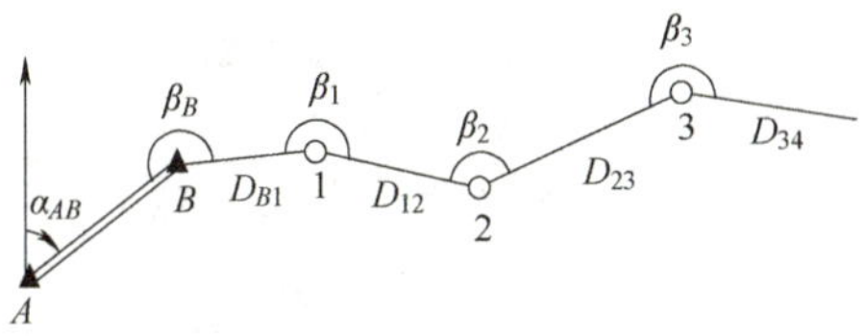

图 4-3　方位角推算图 1

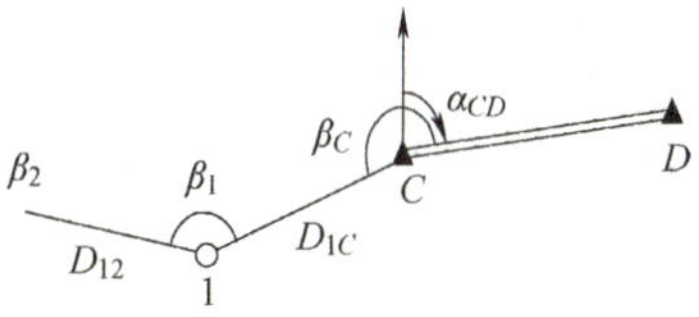

图 4-4　方位角推算图 2

3. 见表4-4，求各边的方位角及边长。

表4-4　坐标计算表1

点号	坐标		边长及方位角				
	x/m	y/m	边号	Δx	Δy	方位角 (°) (′) (″)	边长
A	5648.568	7658.296	AB				
B	5816.786	7697.386	AC				
C	5367.786	7688.458	AD				
D	5436.562	7565.668	AE				
E	5466.786	7566.768					

4. 见表4-5，已知导线各边的水平距离和方位角，计算各边的坐标增量 Δx、Δy。

表4-5　坐标计算表2

边号	坐标方位角			边长/m	Δx/m	Δy/m
	(°)	(′)	(″)			
1	42	36	18	346.236		
2	135	27	36	227.898		
3	237	22	42	250.323		
4	336	48	54	156.432		

工作依据 4.3

距离测量及直线定向的相关知识

4.3.1 钢尺量距

1. 量距工具

（1）钢尺　钢尺是由优质钢制成的带状尺，一般卷放在圆形盒内或者金属架上（见图 4-5），也称为钢卷尺，长度有 20m、30m 及 50m 等几种。钢尺的基本分划为厘米，在每米及每分米处有数字注记。一般钢尺在起点处一分米内刻有毫米分划；有的钢尺，整个尺长内都刻有毫米分划。

图 4-5　钢卷尺

由于尺的零点位置不同，有端点尺和刻线尺的区别，如图 4-6 所示。端点尺是以尺的最外端作为尺的零点，当从建筑物墙边开始丈量时使用很方便。刻线尺是以尺前端的一刻线作为尺的零点。

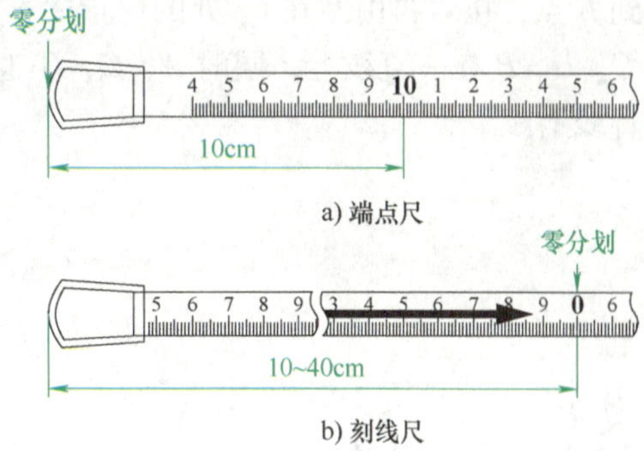

图 4-6　钢尺的零分划位置

（2）辅助工具　量距的辅助工具有标杆、测钎、垂球等。

1）标杆：又称花杆，如图 4-7a 所示，直径 3~4cm，长 2~3m，杆身涂以 20cm 间隔的红、白漆，下端装有锥形铁尖，主要用于标定直线方向。

2）测钎：也称测针，如图 4-7b 所示，用直径 5mm 左右的粗钢丝制成，长 30~40cm，上端弯成环形，下端磨尖，一般以 11 根为一组，穿在铁环中，用来标定尺的端点位置和计算整尺段数。

3）垂球：如图 4-7c 所示，主要用于在不平坦地面丈量时将钢尺的端点垂直投影到地面。

此外，用于钢尺量距的辅助工具还有弹簧秤和温度计，以控制拉力和测定温度。

当进行精密量距时，需配备弹簧秤和温度计，弹簧秤用于对钢尺施加规定的拉力，温度计用于测定钢尺量距时的温度，以便对钢尺丈量的距离施加温度改正。

a) 标杆　　b) 测钎　　c) 垂球

图 4-7　量距辅助工具

2. 直线定线

当地面两点之间的距离大于钢尺的一个尺段或地势起伏较大时，为方便量距工作，需分成若干尺段进行丈量，这就需要在直线方向上插上一些标杆或测钎，在同一直线上定出若干点，这项工作被称为直线定线，其方法有以下几种：

（1）两点间目测定线　目测定线适用于钢尺量距的一般方法。如图 4-8 所示，设 A 和 B 为地面上相互通视、待测距离的两点。现要在直线 AB 上定出 1、2 等分段点。先在 A、B 两点上竖立花杆，甲站在 A 杆后约 1m 处，指挥乙左右移动花杆，直到甲在 A 点沿标杆的同一侧看见 A、1、B 三点处的花杆在同一直线上。用同样方法可定出 2 点。直线定线一般应由远到近，即先确定远处的 1 点，再确定近处的 2 点，直到定出直线上的全部点。

（2）逐渐趋近定线　逐渐趋近定线适用于 A、B 两点在高地两侧，互不通视的量距。如图 4-9 所示，欲在 AB 两点间标定直线，可采用逐渐趋近法。先在 A、B 两点上竖立标杆，甲、乙两人各持标杆分别选择在 C_1 和 D_1 处站立，要求 B、D_1、C_1 位于同一直线上，且甲能看到 B 点，乙能看到 A 点。可先由甲站在 C_1 处指挥乙移动至 BC_1 直线上的 D_1 处。然后，由站在 D_1 处的乙指挥甲移动至 AD_1 直线上的 C_2 处，要求甲站在 C_2 处能看到 B 点，接着再由站在 C_2 处的甲指挥乙移至能看到 A 点的 D_2 处，这样逐渐趋近，直到 C、D、B 在一直线上，同时 A、C、D 也在一直线上，这时说明 A、C、D、B 均在同一直线上。

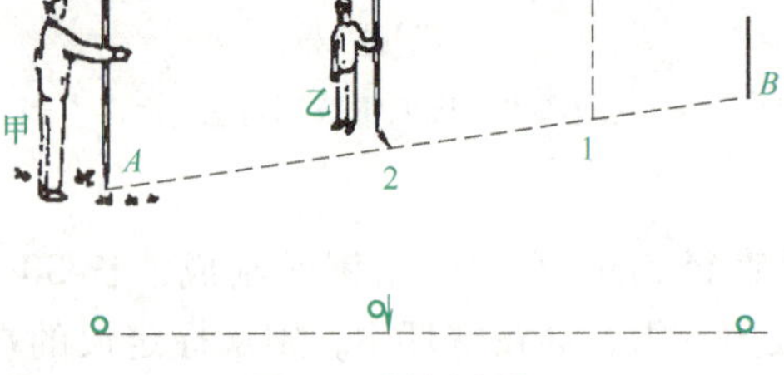

图 4-8　目测定线

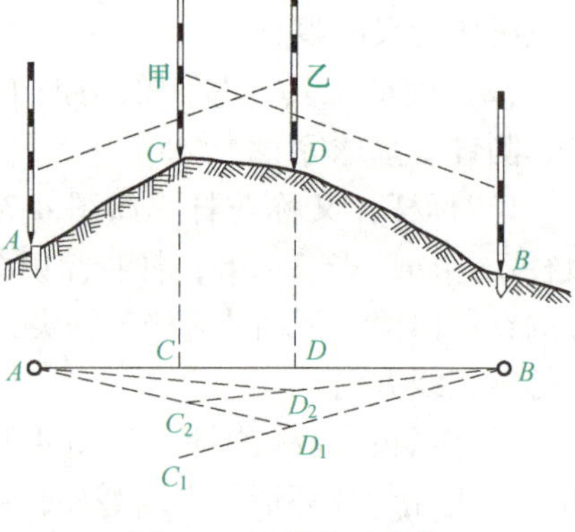

图 4-9　逐渐趋近定线

这种方法也可用于分别位于两座建筑物上的 A、B 两点间的定线。

（3）经纬仪定线　当直线定线精度要求较高时，可用经纬仪定线。如图 4-10 所示，

欲在 AB 直线上确定出 1、2、3、…、n 点的位置，可将经纬仪安置于 A 点，用望远镜照准 B 点，固定照准部制动螺旋，然后将望远镜向下俯视，将十字丝交点投测到木桩上，并钉小钉以确定出 1 点的位置。同法标定出 2、3 以及 n 点的位置。

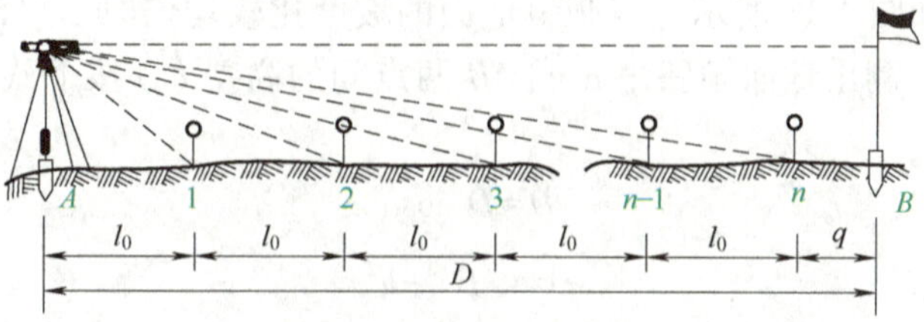

图 4-10　经纬仪定线

3. 距离丈量的一般方法

（1）平坦地面的距离丈量　丈量工作一般由两人进行。如图 4-11 所示，沿地面直接丈量水平距离时，可先在地面上定出直线方向，丈量时后尺手持钢尺零点一端，前尺手持钢尺末端和一组测钎沿 A、B 方向前进，行至一尺段处停下，后尺手指挥前尺手将钢尺拉在 A、B 直线上，后尺手将钢尺的零点对准 B 点，当两人同时把钢尺拉紧后，前尺手在钢尺末端的整尺段长分划处竖直插下一根测钎得到 1 点，即量完一个尺段。前、后尺手抬尺前进，当后尺手到达插测钎处时停住，再重复上述操作，量完第二尺段。后尺手拔起地上的测钎，依次前进，直到量完 AB 直线的最后一段为止。

图 4-11　平坦地面的距离丈量

丈量时应注意沿着直线方向进行，钢尺必须拉紧伸直且无卷曲。直线丈量时尽量以整尺段丈量，最后丈量余长，以方便计算。丈量时应记清楚整尺段数，或用测钎数表示整尺段数，然后逐段丈量，则直线的水平距离 D 按下式计算：

$$D=nl+q \tag{4-1}$$

式中　l——钢尺的一整尺段长；

n——整尺段数；

q——不足一整尺的零尺段长。

为了防止丈量中发生错误并提高量距精度，需要进行往返丈量，若合乎要求，取往返平均数作为丈量的最后结果，丈量精度用相对误差 K 表示，即

$$K=\frac{|D_{往}-D_{返}|}{D_{平均}}=\frac{1}{D_{平均}/|D_{往}-D_{返}|} \tag{4-2}$$

（2）倾斜地面的距离丈量

1）平量法。如果地面高低起伏不平，可将钢尺拉平丈量。丈量由 A 向 B 进行（由

离向低)，后尺手将尺的零端对准 A 点，前尺手将尺抬高，并且目估使钢尺水平，用垂球尖将尺段的末端投于 AB 方向线的地面上，再插以测钎，依次进行丈量 AB 的水平距离，如图 4-12 所示。

2）斜量法。如图 4-13 所示，当倾斜地面的坡度比较均匀时，可沿斜面直接丈量出 AB 的倾斜距离 D'，测出地面倾斜角 α 或 AB 两点间的高差 h，按下式计算 AB 的水平距离 D：

$$D=D'\cos\alpha \tag{4-3}$$

或

$$D=\sqrt{D'^2-h^2} \tag{4-4}$$

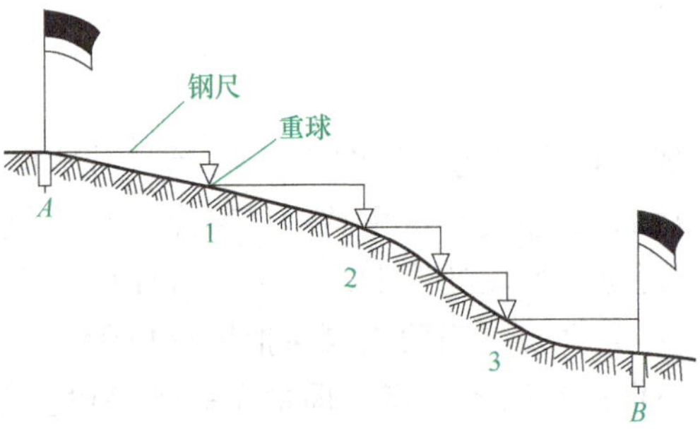

图 4-12　平量法

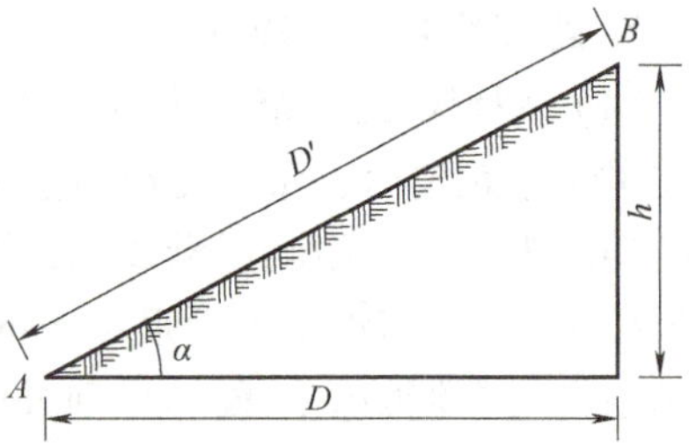

图 4-13　斜量法

4. 钢尺量距的误差及注意事项

1）伸展钢尺时，要小心慢拉，钢尺不可卷扭、打结。若发现扭曲、打结情况，应细心解开，不能用力抖动，否则容易造成折断。

2）丈量前，应辨认清钢尺的零端和末端。丈量时，钢尺应逐渐用力拉平、拉直、拉紧，不能突然猛拉。丈量过程中，钢尺的拉力应始终保持鉴定时的拉力。

3）转移尺段时，前、后拉尺员应将钢尺提高，不应在地面上拖拉摩擦，以免磨损尺面分划，钢尺展开后，不能让车辆从钢尺上通过，否则极易损坏钢尺。

4）测钎应对准钢尺的分划并插直。如插入土中有困难，可在地面上标志一明显记号，并把测钎尖端对准记号。

5）单程丈量完毕后，前、后尺手应检查各自手中的测钎数目，避免加错或算错整尺段数。一测回丈量完毕，应立即检查限差是否合乎要求。不合乎要求时，应重测。

6）丈量工作结束后，要用软布擦干净尺上的泥和水。然后涂上机油，以防生锈。

4.3.2 视距测量

1. 视距测量的原理和公式

（1）视线水平时的距离与高差公式　欲测定 A、B 两点间的水平距离 D 及高差 h，可在 A 点安置经纬仪，B 点立视距尺，设望远镜视线水平，瞄准 B 点视距尺，此时视线与视距尺垂直，如图 4-14 所示。

视距丝读数如图 4-15 所示，读出上视距丝读数 a，下视距丝读数 b。上、下丝读数之差称为视距间隔或尺间隔，为 $l=a-b$。则水平距离计算公式为

$$D=kl \tag{4-5}$$

式中　k——视距常数，在仪器制造时常使 $k=100$。

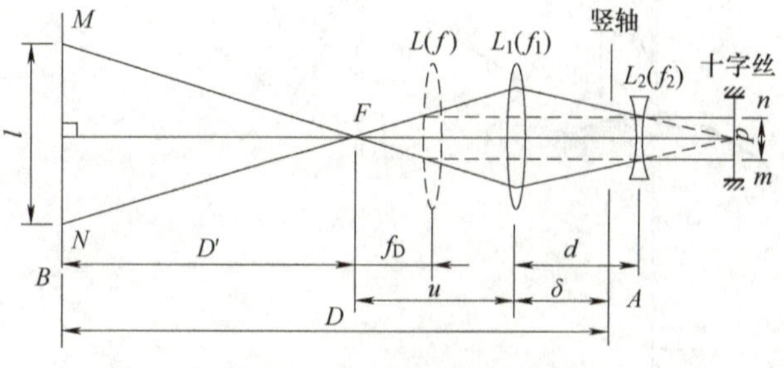

图 4-14　视距原理

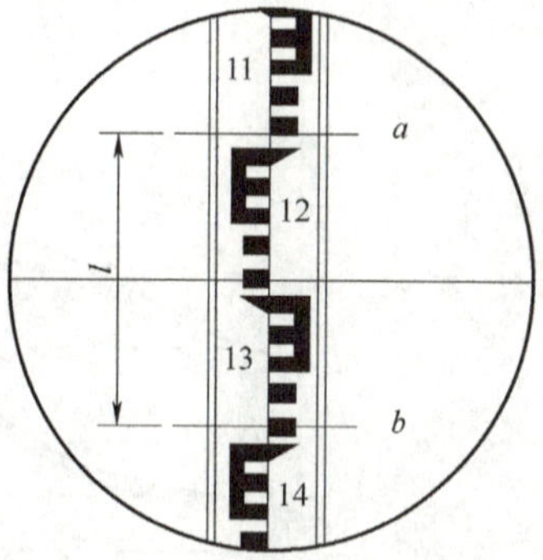

图 4-15　视距丝读数

由图 4-16 可知，量取仪器高 i，读取中丝读数 v，可以计算出两点间的高差

$$h=i-v \tag{4-6}$$

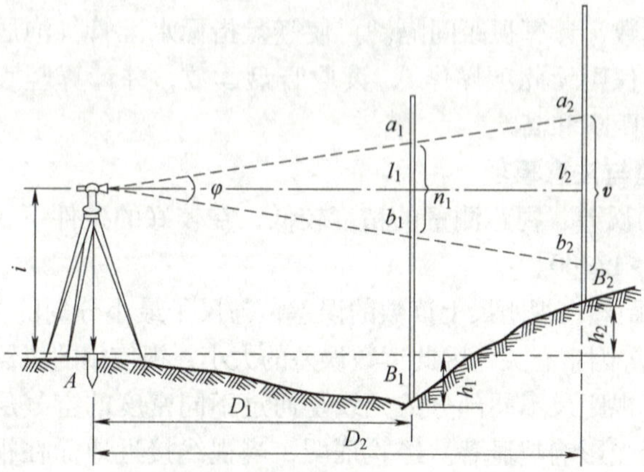

图 4-16　视线水平时的视距测量

（2）视线倾斜时的距离与高差公式　在地面起伏较大的地区进行视距测量时，必须使视线倾斜才能读取视距间隔。由于视线不垂直于视距尺，故不能直接应用上述公式。

设想将目标尺以中丝读数 l 这一点为中心，转动一个 α 角，使目标尺与视准轴垂直，由图 4-17 可推算出视线倾斜时的视距测量计算公式：

$$\begin{aligned} D&=kl\cos^2\alpha \\ h&=\frac{1}{2}kl\sin2\alpha+i-v \end{aligned} \tag{4-7}$$

式中　k——视距常数；

α——竖直角；

i——仪器高；

v——中丝读数即目标高。

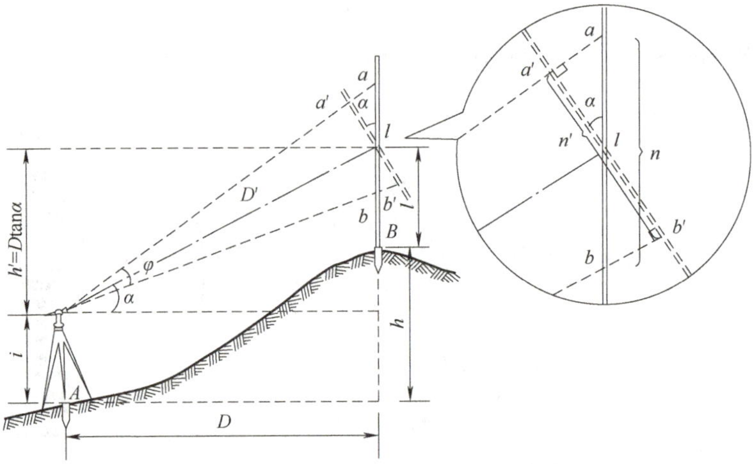

图 4-17　视线倾斜时的视距测量

2. 视距测量的观测与计算

施测时，安置仪器于 A 点，量出仪器高 i，转动照准部瞄准 B 点视距尺，分别读取上、下、中三丝的读数，计算视距间隔。再使竖盘指标水准管气泡居中（如为竖盘指标自动补偿装置的经纬仪则无此项操作），读取竖盘读数，并计算竖直角。利用上述视距计算公式计算出水平距离和高差。

3. 视距测量误差与注意事项

（1）视距测量的误差　视距测量的精度较低，在较好的条件下，视距测量所测平距的相对误差为 1/300~1/200。

读数误差：用视距丝在视距尺上读数的误差，与尺子最小分划的宽度、水平距离的远近和望远镜放大倍率等因素有关，因此读数误差的大小，视使用的仪器、作业条件而定。

垂直折光影响：视距尺不同部分的光线是通过不同密度的空气层到达望远镜的，越接近地面的光线受折光影响越显著。经验证明，当视线接近地面在视距尺上读数时，垂直折光引起的误差较大，并且这种误差与距离的二次方成比例地增加。

视距尺倾斜所引起的误差：视距尺倾斜误差的影响与竖直角有关，尺身倾斜对视距精度的影响很大。

（2）注意事项

1）为减少垂直折光的影响，观测时应尽可能使视线离地面 1m 以上。

2）作业时，要将视距尺竖直，并尽量采用带有水准器的视距尺。

3）要严格测定视距常数 k，k 值应在 100±0.1 之内，否则应加以改正。

4）视距尺一般应是厘米刻划的整体尺。如果使用塔尺应注意检查各节尺的接头是否准确。

5）要在成像稳定的情况下进行观测。

4.3.3　光电测距

1. 概述

前面介绍的钢尺量距，作业工作十分繁重，而且效率较低，在山区或沼泽地区使用

仪器。由于仪器较完善地实现测量和处理过程的电子一体化，所以通常称为全站型电子速测仪，简称全站仪。

目前距离测量基本上都是采用全站仪进行。在进行精密距离测量时，需要使用合作目标——反射棱镜，根据距离远近，可选用单棱镜、三棱镜或多棱镜，棱镜安置在三脚架上，根据光学对中器和长水准管进行对中、整平。全站仪测距的方式主要有精测、粗测及跟踪测量三种。在精密距离测量中，一般使用精测。具体操作过程主要依下述步骤进行：

（1）安置仪器　先在测站上安置好全站仪，对中、整平，再在目标点安置反射棱镜，对中、整平，并使镜面朝向全站仪。

（2）测量气温和气压　测量气温和气压的目的是对测距仪测量出的距离进行气象改正以得到正确的距离。

（3）测距准备　全站仪开机，开机后仪器进行自检，自检通过后，显示主菜单。测量工作中进行一系列的相关设置，主要包括以下内容：

1）观测量单位与小数点位数的设置，包括距离单位、角度单位及气象参数单位等。

2）测距仪常数的设置，包括加常数、乘常数以及棱镜常数设置。

一般情况下，只要使用同一类的反光镜，棱镜常数不变，而温度、气压每次观测均可能不同，需要重新设定。

目前有的全站仪装有气温、气压感应装置，能自动进行气温、气压的设定。

（4）距离测量　在标准测量状态下，角度测量模式、斜距测量模式、平距测量模式、坐标测量模式之间可互相切换，全站仪精确照准目标后，通过不同测量模式之间的切换，可得到所需要的观测值。对于距离值显示的是经温度、气压和棱镜常数改正后的距离（平距或斜距）。

（5）全站仪距离测量注意事项

1）气象条件对光电测距影响较大，微风的阴天是观测的良好时机。

2）测线应尽量离开地面障碍物 1.3m 以上，避免通过发热体和较宽水面的上空。

3）测线应避开强电磁场干扰的地方，例如测线不宜接近变压器、高压线等。

4）镜站的后面不应有反光镜和其他强光源等背景的干扰。

5）要严防阳光及其他强光直射接收物镜，避免光线经镜头聚焦进入机内，将部分元件烧坏，阳光下作业应撑伞保护仪器。

4. 距离的计算

利用光电测距仪测得的距离需进行改正计算才能化算到高斯平面上的水平距离，这些改正计算包括：仪器系统误差的改正（包括仪器加、乘常数改正及周期误差改正）、大气折射率变化引起的改正以及几何投影改正等。

由于现在测距仪的性能和自动化程度不同，测距仪的精度要求也各异，故有些改正可不需进行，有的在观测时只需在仪器中直接输入有关数值或改正值即可。

（1）斜距的计算　测距仪测量的距离需要仪器的加、乘常数改正，周期误差改正，气象改正后得到仪器中心至棱镜中心的直线距离（即斜距）。

1）加常数改正。加常数是由于仪器电子中心与其机械中心不重合而形成的。通常称 K 为仪器加常数。它包含仪器加常数（K_i）和棱镜常数（K_r），如图 4-20 所示。仪器加常数会发生变化，应定期进行检验。经检验得到的测距仪加常数 $K(K=K_i+K_r)$，对距

离观测值 D' 进行改正，改正公式为

$$D_0=D'-K \tag{4-12}$$

由于仪器的加常数为一固定值，可预置在仪器中，使之测距时自动加以改正。

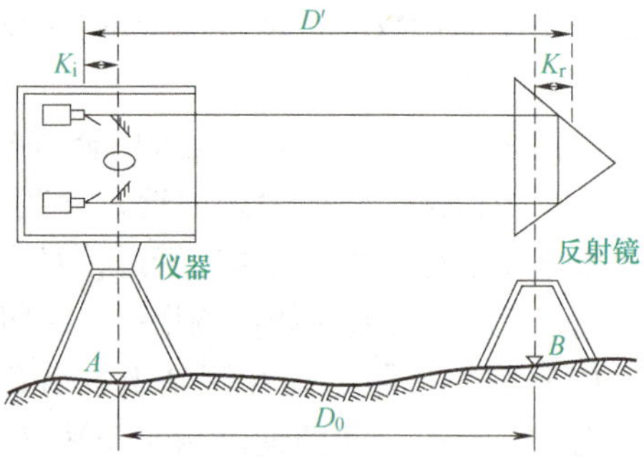

图 4-20　光电测距仪加常数示意图

2）乘常数改正。测距仪在使用过程中，实际的调制光频率与设计的标准频率之间有偏差时，将会影响测距成果的精度，其影响与距离的长度成正比。

设 f 为标准频率，假定无误差；f' 为实际工作频率；乘常数 R 为

$$R=\frac{f'-f}{f'} \tag{4-13}$$

则乘常数改正值为

$$\Delta D_R=-RD' \tag{4-14}$$

式中，D' 为实测距离值，单位为 km，R 单位为 mm/km。

仪器的乘常数由于电子的老化，在使用过程中会发生微小的偏差，需要定期进行检验。由于乘常数 R 也是一固定值，可预置在仪器中，使之测距时自动加以改正。

3）周期误差改正。当周期误差的振幅大于或等于仪器测距中误差（固定误差）的 1/2 时，并且数值较稳定时，则必须在测距中加入周期误差改正数。

$$\Delta D_\phi=A\sin(\varphi_0+\theta)$$

$$\theta=\frac{D_0}{u}\times 360°=2D_0\times 360°/\lambda \tag{4-15}$$

式中　θ——待测距离尾数（也就是精尺的尾数）相应的相位角；

λ——电磁波波长；

u——等效测尺长，$u=\lambda/2$；

D_0——距离观测值；

φ_0——周期误差的初始相位角；φ_0 与 A 由周期误差检验求得。

4）气象改正。电磁波在大气中传输时受气象条件的影响很大，实质是大气折射率对距离的改正，因大气折射率与气压、气温、湿度有关，因此习惯叫气象改正，与距离成正比。气象改正是电磁波测距最重要的改正。

不同型号的测距仪，气象改正公式的系数不同，在仪器使用说明书内给出了气象改正计算公式。

目前的测距仪（全站仪）都具有自动计算大气改正数的功能，新型全站仪还具有自动探测气温、气压，并进行距离改正的功能。

（2）测距成果的归算　测距仪测量的距离除经过上述仪器的加、乘常数改正，周期误差改正，气象改正后得到仪器中心至棱镜中心的斜距，还需要经过下述三步归算，才能成为高斯平面上的平距，从而参加各种计算。

1）斜距化成平距的计算。设野外测定的斜距为 D，化算后的平距为 S。

如果已知仪器中心至棱镜中心的高差 h，则可用勾股定理计算出平距 S：

$$S=\sqrt{D^2-h^2} \tag{4-16}$$

若测出了仪器中心至棱镜中心的竖直角 α，则平距 S 为

$$S=D\cos\alpha \tag{4-17}$$

2）将水平距离归算到参考椭球面的计算。设地面测区的水平面与参考椭球面平行，由于水平面离开椭球面有一定的距离，将引起长度的归算改正。如图 4-21 所示，若地面两点在测区水平面上的长度为 S_0，则其在椭球面上的长度 S 为

$$S=S_0\left(1-\frac{H_m+h_g}{R_m}\right) \tag{4-18}$$

式中　H_m——地面两点间沿线的平均高程；

h_g——测区大地水准面相对于参考椭球面的高差；

R_m——椭球平均曲率半径。

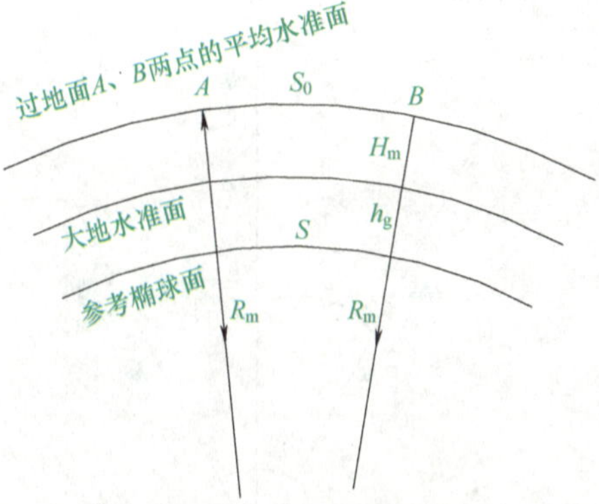

图 4-21　水平距离归算到参考椭球面的计算

（3）将椭球面上的长度换算至高斯平面的计算　将椭球面上的长度归算到高斯平面，其长度会产生变形。若椭球面上的长度为 S，则归算到高斯平面上的长度 D 为

$$D=S\left(1+\frac{y_m^2}{2R_m}\right) \tag{4-19}$$

式中　y_m——地面 A、B 两点自然坐标平均值；

R_m——椭球平均曲率半径。

4.3.4　直线定向

1. 标准方向线与方位角的概念

（1）标准方向的种类

1）真子午线方向。地球表面某点与地球旋转轴所构成的平面与地球表面的交线称为该点的真子午线。真子午线在该点的切线方向称为该点的真子午线方向。

2）磁子午线方向。地球表面某点与地球磁场南北极连线所构成的平面与地球表面的交线称为该点的磁子午线。磁子午线在该点的切线方向称为该点的磁子午线方向，一般是以磁针在该点自由静止时所指的方向。

3）坐标纵轴方向。由于地球上各点的子午线互相不平行，而是向两极收敛，为测量、计算工作的方便，常以平面直角坐标系的纵坐标轴为标准方向，即高斯投影带中的中央子午线方向。在工程中常用坐标纵轴方向为标准方向，即指北方向。

4）三种标准方向之间的关系如图 4-22 所示。

真、磁子午线的关系：

磁偏角：真、磁子午线之间的夹角叫磁偏角。

东偏：磁子午线偏真子午线以东为东偏（正）。

西偏：磁子午线偏真子午线以西为西偏（负）。

(2) 直线方向的表示方法　通常用坐标方位角和象限角来表示直线的方向。

1) 坐标方位角。从标准方向北端起，顺时针方向量到某直线的夹角为坐标方位角（见图 4-23），用 α 来表示，角值范围 0°～360°。因标准方向的不同又可分为真方位角、磁方位角和坐标方位角。

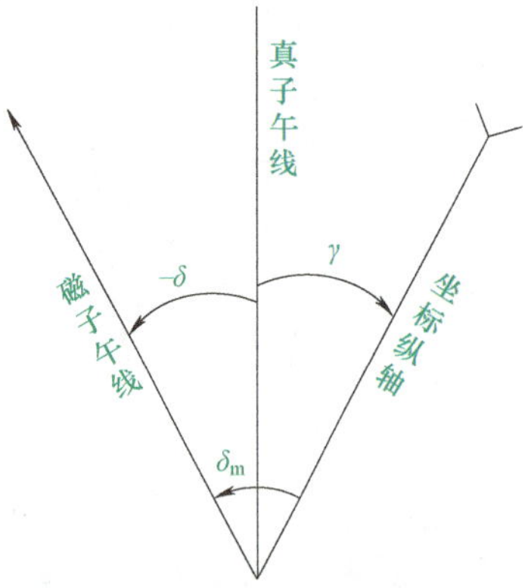

图 4-22　三种标准方向之间的关系

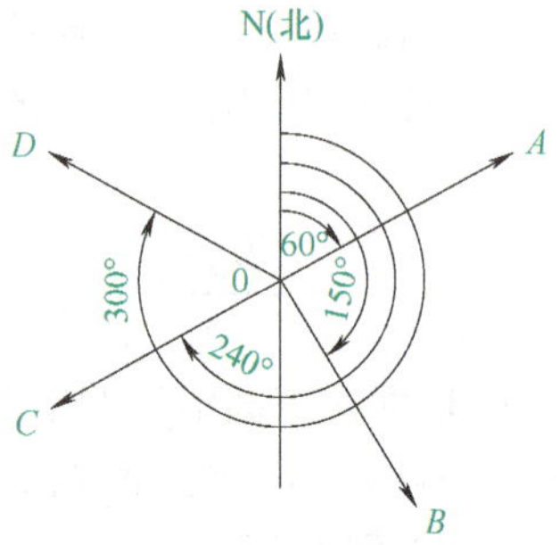

图 4-23　坐标方位角

2) 正反坐标方位角。一条直线有正反两个方向，通常以直线前进的方向为正方向。由图 4-24 中可以看出一条直线正反坐标方位角的数值相差 180°，即

$$\alpha_{正} = \alpha_{反} \pm 180° \tag{4-20}$$

3) 象限角。测量上有时用象限角来确定直线的方向。所谓象限角，就是由标准方向的北端或南端起量至某直线所夹的锐角，常用 R 表示，角值范围 0°～90°。

4) 坐标方位角和象限角的换算关系。坐标方位角和象限角均是表示直线方向的方法，它们之间既有区别又有联系。在实际测量中经常用到它们之间的互换，由图 4-25 可以推算出它们之间的互换关系，见表 4-6。

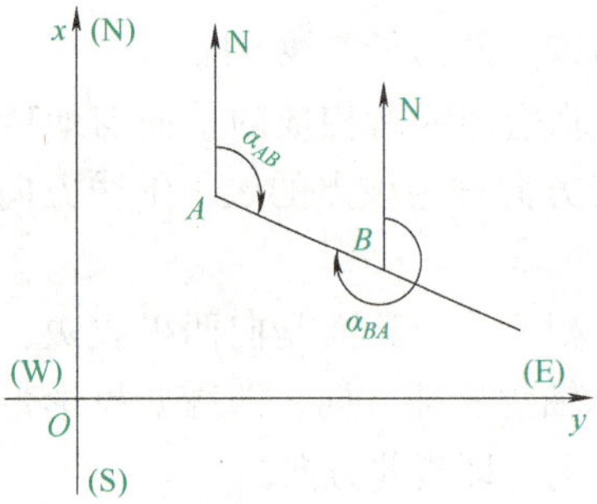

图 4-24　正反坐标方位角

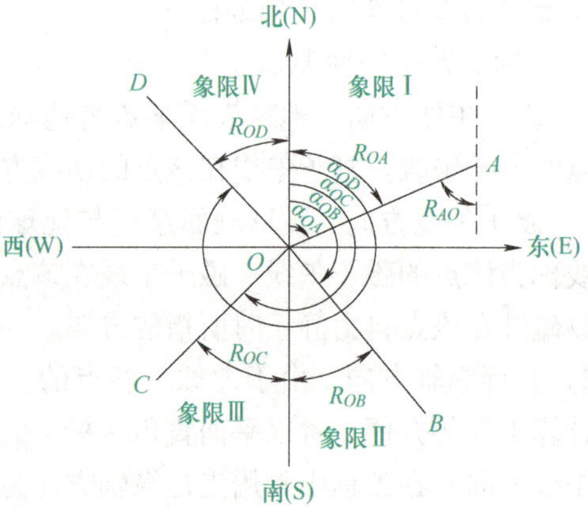

图 4-25　坐标方位角与象限角

2. 坐标方位角的传递公式

测量工作中并不直接测定每条直线的坐标方位角，而是通过一已知直线的坐标方位角，根据该直线与已知直线所夹的水平角进行推算。如图 4-26 所示，折线 1-2-3-4-5 所夹

的水平角 β_2、β_3、β_4 称为转折角，在推算时，β 角有左角和右角之分，左角（右角）是指该角位于推算前进方向左侧（右侧）的水平夹角。

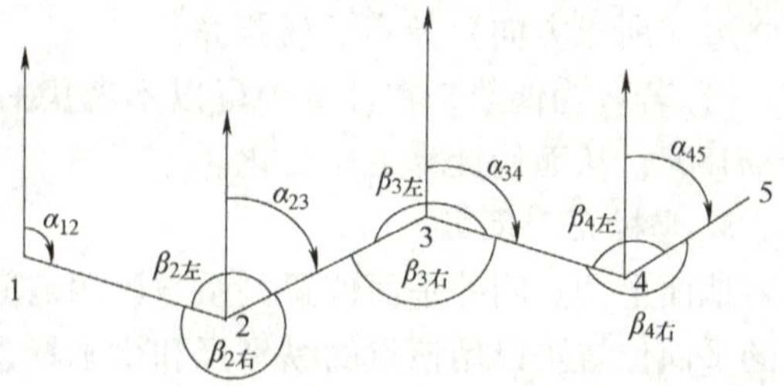

图4-26　坐标方位角推算

（1）相邻两条边坐标方位角的推算　设 α_{12} 为已知坐标方位角，各转折角为左角，则有

$$\alpha_{23}=\alpha_{12}+\beta_{2左}-180° \tag{4-21}$$

同理有

$$\begin{cases}\alpha_{34}=\alpha_{23}+\beta_{3左}-180° \\ \alpha_{45}=\alpha_{34}+\beta_{4左}-180° \\ \cdots\cdots \\ \alpha_{i,i+1}=\alpha_{i-1,i}+\beta_{i左}-180°\end{cases} \tag{4-22}$$

表4-6　坐标方位角和象限角的换算

直线方向	由坐标方位角 α 求象限角 R	由象限角 R 求坐标方位角 α
第Ⅰ象限（北东）	$R=\alpha$	$\alpha=R$
第Ⅱ象限（南东）	$R=180°-\alpha$	$\alpha=180°-R$
第Ⅲ象限（南西）	$R=\alpha-180°$	$\alpha=180°+R$
第Ⅳ象限（北西）	$R=360°-\alpha$	$\alpha=360°-R$

由此可以得出按左角推算相邻边坐标方位角的计算公式为

$$\alpha_{前}=\alpha_{后}+\beta_{左}-180° \tag{4-23}$$

根据左、右角间的关系，将 $\beta_{左}=360°-\beta_{右}$ 代入式（4-23），则有

$$\alpha_{前}=\alpha_{后}-\beta_{右}+180° \tag{4-24}$$

综合式（4-23）和式（4-24）可得出相邻两条边坐标方位角的计算公式为

$$\alpha_{前}=\alpha_{后}\pm\beta\pm180° \tag{4-25}$$

（2）任意边坐标方位角的推算　将式（4-21）~式（4-25）左、右两边依次相加到所求的边，可得

$$\alpha_{终}=\alpha_{始}\pm\sum\beta\pm n180° \tag{4-26}$$

式（4-26）即为坐标方位角推算公式的表达式。

不难看出，式（4-25）是式（4-26）的特殊情况。

使用公式计算时，需要注意以下几个问题：

1）式（4-26）中 $\sum\beta$ 前“±”的取法：当 β 为左角时取“+”，当 β 为右角时取“−”。

2）实际计算时，根据坐标方位角的范围为0°~360°这一特征，$n180°$ 前的“±”可以任意取“+”或“−”，随之坐标方位角可能出现大于360°或负值的两种情况，此时，可以通过 $\pm n180°$，使坐标方位角取值在0°~360°范围内。

3）式（4-26）中，β 角是从起始边（已知方向）所在终点的转折角开始连续计算到终边（所求方向）始点的转折角。

4）若 n 为偶数，在计算中可以不考虑 $\pm n180°$；若 n 为奇数，计算中可以只考虑一个 $\pm n180°$，从而使计算工作简化。

3. 坐标正、反算

地面上两点间的平面位置关系与该两点间的水平距离、坐标方位角密切相关。地面点的平面位置可以用该点的纵坐标和横坐标来表示。

（1）坐标正算　根据直线起点的坐标、直线的水平距离及直线的坐标方位角来计算直线终点的坐标，称为坐标正算。如图 4-27 所示，已知直线 AB 的起点 A 的坐标（x_A，y_A），以及 AB 两点间的水平距离 D_{AB} 和 AB 边的坐标方位角 α_{AB}，要计算终点 B 的坐标（x_B，y_B）可按下列步骤计算：

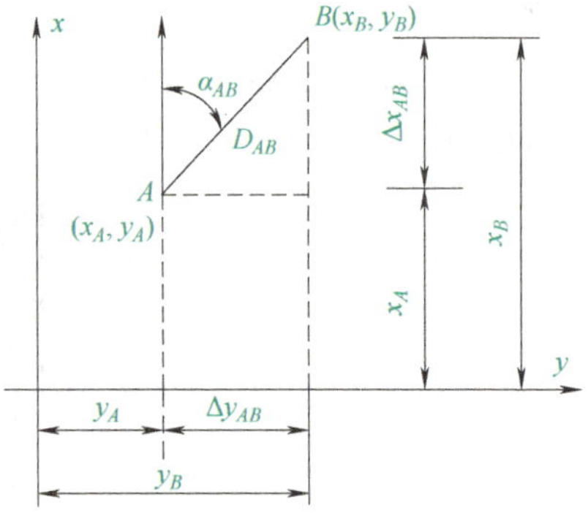

图 4-27　坐标计算

设 $\Delta x_{AB}=x_B-x_A$，Δx_{AB} 称为 A 点至 B 点的纵坐标增量。

$\Delta y_{AB}=y_B-y_A$，Δy_{AB} 称为 A 点至 B 点的横坐标增量。

依数学公式可以得出

$$\begin{cases}\Delta x_{AB}=D_{AB}\cos\alpha_{AB}\\ \Delta y_{AB}=D_{AB}\sin\alpha_{AB}\end{cases}\tag{4-27}$$

B 点的坐标计算式为

$$\begin{cases}x_B=x_A+\Delta x_{AB}=x_A+D_{AB}\cos\alpha_{AB}\\ y_B=y_A+\Delta y_{AB}=y_A+D_{AB}\sin\alpha_{AB}\end{cases}\tag{4-28}$$

（2）坐标反算　根据直线始点和终点的坐标，计算直线的水平距离和直线的坐标方位角，称为坐标反算。

如图 4-27 所示，A、B 两点的水平距离及坐标方位角可按下式计算：

$$\begin{cases}D_{AB}=\sqrt{\Delta x_{AB}^2+\Delta y_{AB}^2}=\sqrt{(x_B-x_A)^2+(y_B-y_A)^2}\\ \alpha_{AB}=\arctan\dfrac{\Delta y_{AB}}{\Delta x_{AB}}=\arctan\dfrac{y_B-y_A}{x_B-x_A}\end{cases}\tag{4-29}$$

根据式（4-29）计算所得的角值，还需要进行象限判断，计算得出坐标方位角值。直线的坐标方位角值在四个象限中的情况如下：

1）当 $\Delta x_{AB}>0$，$\Delta y_{AB}>0$ 时，α_{AB} 是第Ⅰ象限的角，其角值范围在 0°～90°之间。所求的坐标方位角 α_{AB} 就等于计算的角值 α'_{AB}，即 $\alpha_{AB}=\alpha'_{AB}$。

2）当 $\Delta x_{AB}<0$，$\Delta y_{AB}>0$ 时，α_{AB} 是第Ⅱ象限的角，其角值范围在 90°～180°之间。所求的坐标方位角 α_{AB} 等于计算所得的负角值 α'_{AB} 加上 180°，即 $\alpha_{AB}=\alpha'_{AB}+180°$。

3）当 $\Delta x_{AB}<0$，$\Delta y_{AB}<0$ 时，α_{AB} 是第Ⅲ象限的角，其角值范围在 180°～270°之间。所求的坐标方位角 α_{AB} 等于计算所得的正角值 α'_{AB} 加上 180°，即 $\alpha_{AB}=\alpha'_{AB}+180°$。

4）当 $\Delta x_{AB}>0$，$\Delta y_{AB}<0$ 时，α_{AB} 是第Ⅳ象限的角，其角值范围在 270°～360°之间。所求的坐标方位角 α_{AB} 等于计算所得的负角值 α'_{AB} 加上 360°，即 $\alpha_{AB}=\alpha'_{AB}+360°$。

如果先计算出坐标方位角值，也可用下式计算水平距离：

$$D_{AB}=\frac{\Delta y_{AB}}{\sin\alpha_{AB}}=\frac{\Delta x_{AB}}{\cos\alpha_{AB}} \tag{4-30}$$

4. 用罗盘仪测定直线的磁方位角

罗盘仪是主要用来测量直线的磁方位角的仪器，也可以粗略地测量水平角和竖直角，还可以进行视距测量。

罗盘仪的构造：主要由刻度盘、竖直度盘、望远镜和磁针组成，如图 4-28 所示。

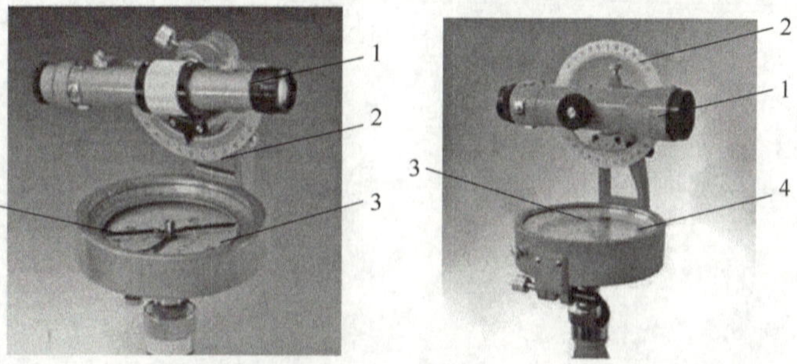

图 4-28　罗盘仪

1—望远镜　2—竖直度盘　3—刻度盘　4—磁针

（1）直线磁方位角的测量

1）将仪器搬到测线的一端，并在测线另一端插上花杆。

2）安置仪器。

① 对中：将仪器装于三脚架上，并挂上垂球，然后移动三脚架，使垂球尖对准测站点，此时仪器中心与地面点处于同一条铅垂线上。

② 整平：松开仪器球形支柱上的螺旋，上、下俯仰度盘位置，使度盘上的两个水准气泡同时居中，旋紧螺旋，固定度盘，此时罗盘仪主盘处于水平位置。

3）瞄准读数。

① 转动目镜调焦螺旋，使十字丝清晰。

② 转动罗盘仪，使望远镜对准测线另一端的目标，调节调焦螺旋，使目标成像清晰稳定，再转动望远镜，使十字丝对准立于测点上的花杆的最底部。

③ 松开磁针制动螺旋，等磁针静止后，从正上方向下读取磁针指北端所指的读数，即为测线的磁方位角。

④ 读数完毕后，旋紧磁针制动螺旋，将磁针顶起以防止磁针磨损。

（2）使用罗盘仪注意事项

1）在磁铁矿区或离高压线、无线电天线、电视转播台等较近的地方不宜使用罗盘仪，有电磁干扰现象。

2）观测时一切铁器等物体，如斧头、钢尺、测钎等不要接近仪器。

3）读数时，眼睛的视线方向与磁针应在同一竖直面内，以减小读数误差。

4）观测完毕后搬动仪器应拧紧磁针制动螺旋，固定好磁针以防损坏磁针。

工作自测 4.4

自主学习任务单

自测 4.4.1 钢尺量距、视距测量及磁方位角的测定

<table>
<tr><td colspan="2">1. 任务</td><td colspan="3">在规定的时间内，完成 A、B 点之间（相距 50m 以内）钢尺量距、视距测量及磁方位角的测定工作
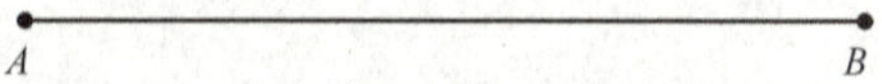
</td></tr>
<tr><td colspan="2">2. 任务说明</td><td colspan="3">在 30min 之内，完成钢尺量距、视距测量及磁方位角的测定工作
1）钢尺量距、视距测量及磁方位角的测定需要往返进行
2）2 人一组，每人独立完成往测或者返测的观测与记录、计算
3）一人观测完成后交换角色，注意组员的协调配合
4）时间从支脚架开始计时</td></tr>
<tr><td colspan="2">3. 仪器、设备、场地</td><td colspan="3">1）DJ_6 经纬仪 1 台，罗盘仪 1 台，50m 钢卷尺 1 把，记录板 1 块，2H 或 3H 铅笔 2 支
2）在文化广场进行</td></tr>
<tr><th>序号</th><th>项目名称</th><th>质量要求</th><th>评分细则</th><th>得分</th></tr>
<tr><td>1</td><td>不合格成果
（0 分）</td><td>满足规范要求</td><td>1）原始观测记录用橡皮擦
2）测站限差超限
3）原始记录角度分或者距离分米以下的数字划改或涂改及连环改动</td><td></td></tr>
<tr><td>2</td><td>仪器的安置
（10 分）</td><td>对中在小圈内，
气泡偏离不超过 1 格</td><td>1min 以内不扣分，超过 1min，扣 1 分/10s，扣完为止</td><td></td></tr>
<tr><td>3</td><td>观测与记录
（40 分）</td><td>按测量规范要求操作</td><td>下列情形出现一次扣 2 分：
1）记录转抄观测原始记录划改不注明错误原因或注明原因不规范
2）手簿缺少计算项或计算错误
3）就字改字或字迹模糊影响识读
4）观测手簿非单横线或不用尺子随意划改</td><td></td></tr>
<tr><td>4</td><td>计算
（20 分）</td><td>计算正确无误</td><td>计算错误一处扣 $2n$ 分（n 为影响后续计算的项数），扣完为止</td><td></td></tr>
<tr><td>5</td><td>效率（速度）
（30 分）</td><td>快速、高效完成</td><td>30min 内完成不扣分，超过 30min，扣 2 分/min，扣完为止</td><td></td></tr>
<tr><td colspan="4">总计得分</td><td></td></tr>
<tr><td colspan="5">小组成员：</td></tr>
</table>

自测 4.4.2　坐标方位角的推算及坐标正反算

<table>
<tr><td>1. 任务</td><td colspan="3">在规定的时间内，完成坐标方位角的推算及坐标正反算训练题</td></tr>
<tr><td>2. 任务说明</td><td colspan="3">在 30min 之内，完成坐标方位角的推算及坐标正反算训练题
1）每人独立完成计算
2）时间从训练题下发开始计时</td></tr>
<tr><td>3. 仪器、设备、场地</td><td colspan="3">1）无记忆功能的函数计算器 1 部，2H 或 3H 铅笔 2 支，橡皮、削笔刀等
2）在教室或 GIS 机房进行</td></tr>
<tr><th>序号</th><th>训练题正文</th><th>配分</th><th>得分</th></tr>
<tr><td>1</td><td>如图所示，已知 $\alpha_{AB}=68°57'36''$，$\beta_B=68°57'36''$，$\beta_1=198°07'36''$，$\beta_2=98°51'24''$，$\beta_3=208°27'36''$，求各边的方位角

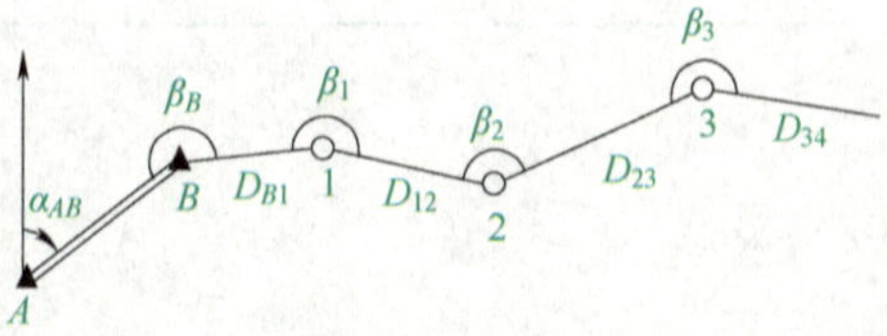

</td><td>25</td><td></td></tr>
<tr><td>2</td><td>如图所示，已知 $\alpha_{CD}=78°28'36''$，$\beta_C=198°26'06''$，$\beta_1=188°17'42''$，求各边的方位角

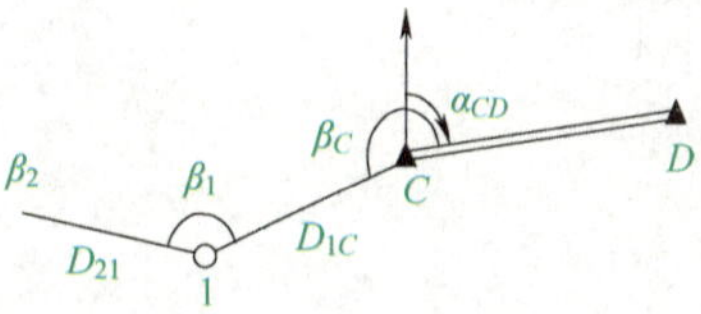

</td><td>25</td><td></td></tr>
<tr><td>3</td><td>如表所示，求各边的方位角及边长
<table>
<tr><th rowspan="2">点号</th><th colspan="2">坐标</th><th colspan="5">边长及方位角</th></tr>
<tr><th>x/m</th><th>y/m</th><th>边号</th><th>Δx</th><th>Δy</th><th>方位角</th><th>边长</th></tr>
<tr><td>A</td><td>5648. 568</td><td>7658. 296</td><td>AB</td><td></td><td></td><td></td><td></td></tr>
<tr><td>B</td><td>5816. 786</td><td>7697. 386</td><td>AC</td><td></td><td></td><td></td><td></td></tr>
<tr><td>C</td><td>5367. 786</td><td>7688. 458</td><td>AD</td><td></td><td></td><td></td><td></td></tr>
<tr><td>D</td><td>5436. 562</td><td>7565. 668</td><td>AE</td><td></td><td></td><td></td><td></td></tr>
<tr><td>E</td><td>5466. 786</td><td>7566. 768</td><td></td><td></td><td></td><td></td><td></td></tr>
</table>
</td><td>25</td><td></td></tr>
</table>

（续）

<table>
<tr><th>序号</th><th colspan="2">训练题正文</th><th>配分</th><th>得分</th></tr>
<tr><td>4</td><td colspan="2">如表所示，已知导线各边的水平距离和方位角，计算各边的坐标增量 Δx、Δy
<table>
<tr><th rowspan="2">边号</th><th>坐标方位角</th><th rowspan="2">边长/m</th><th rowspan="2">Δx/m</th><th rowspan="2">Δy/m</th></tr>
<tr><th>(°) (′) (″)</th></tr>
<tr><td>1</td><td>42 36 18</td><td>346.236</td><td></td><td></td></tr>
<tr><td>2</td><td>135 27 36</td><td>227.898</td><td></td><td></td></tr>
<tr><td>3</td><td>237 22 42</td><td>250.323</td><td></td><td></td></tr>
<tr><td>4</td><td>336 48 54</td><td>156.432</td><td></td><td></td></tr>
</table></td><td>25</td><td></td></tr>
<tr><td colspan="3">合计</td><td>100</td><td></td></tr>
<tr><td>评分说明</td><td colspan="4">1）每题独立评分，计算错误一处扣 2n 分（n 为影响后续计算的项数），扣完为止
2）30min 内完成不扣分，超过 30min，扣 2 分/min，最多扣 30 分</td></tr>
</table>

工作任务 5

导线测量

任务目标

1）了解平面控制测量的方法。
2）了解导线的布设形式及要求。
3）掌握导线的外业测量与内业平差计算。

素质目标

1）养成“安全第一、预防为主”的安全意识。
2）树立“实事求是”的诚信精神，吃苦耐劳的优良品德。
3）培养严格执行规范，保证成果质量，爱护仪器设备的精神。

工作任务

1）导线的布设。
2）导线的外业测量。
3）几种常见导线内业平差计算。

工作训练 5.1

导线的布设

5.1.1 知识目标

1）了解平面控制测量的方法。

2）了解导线的布设形式及要求。

3）正确理解《工程测量标准》（GB 50026—2020）中有关导线测量的技术要求。

5.1.2 能力目标

能够按照规范要求，结合测区及已知点的情况，布设一条闭合或附合导线。

5.1.3 训练内容

在指定区域布设一条闭合或附合导线。

5.1.4 训练器具

小锤 1 把，记号笔 1 支，钢钉若干，自备 3H 铅笔、记录板等。

5.1.5 训练方法

先结合教材和多媒体资源，完成预习，再根据老师讲解进行实操训练。

5.1.6 训练指导

1）在指定区域内，根据已知点情况，在地形图上布设一条闭合或附合导线，并标明已知点、未知点点号，在图上量取导线各边长及折角。

2）根据图上布设的导线，在实地进行踏勘，并在地面钉立标记，并标注点号。

5.1.7 注意事项

1）实训前要复习课本上有关内容，了解实训的内容及要求。

2）严格遵守测量仪器的使用规则。

3）作业中提高安全意识，防范人身和仪器事故发生。测站点和镜站点不要选在马路中央，要注意汽车、人流的通行。

4）未知点要选择稳定、安全方便的地方，或者打桩。

5）小组成员应团结、协同作业、互相配合，不得因有分歧影响实训进程。

工作训练 5.2

导线的外业测量

5.2.1 知识目标

1）了解平面控制测量的方法。
2）了解导线的布设形式及要求。
3）正确理解《工程测量标准》（GB 50026—2020）中有关导线测量的技术要求。
4）进一步掌握水平角、水平距离的观测方法及记录要求。
5）基本掌握导线测站观测、记录计算及超限判定。

5.2.2 能力目标

1）能够按照规范要求，对布设的导线进行外业测量（水平角测量与距离测量）。
2）能够按照规范要求进行记录、计算。
3）能够进行导线外业结果的检核与质量评判。

5.2.3 训练内容

对本组布设的导线进行折角测量与边长测量，并进行检核。

5.2.4 训练器具

全站仪 1 套，对中杆+棱镜 2 套，记号笔 1 支，钢钉若干，自备 3H 铅笔、记录板、计算器、橡皮擦等。

5.2.5 训练方法

先结合教材和多媒体资源，完成预习，再根据老师讲解、示范进行实操训练。

5.2.6 训练指导

1）小组协商组员轮流观测记录顺序，按城市一级导线测量要求进行逐站观测。
2）外业观测完成且符合要求后，各人用自己观测的数据分别计算未知点平面坐标。

5.2.7 导线测量的主要技术要求

导线测量的主要技术要求见表 5-1～表 5-3。

表 5-1　城市导线测量的主要技术要求

等级	导线长度/km	平均边长/km	测角中误差/(″)	测距中误差/mm	测距相对中误差	测回数			方位角闭合差/(″)	导线全长相对闭合差
						1″级仪器	2″级仪器	6″级仪器		
一级	4.0	0.5	5.0	15	1/30000	—	2	4	$10\sqrt{n}$	≤1/15000
二级	2.4	0.25	8.0	15	1/14000	—	1	3	$16\sqrt{n}$	≤1/10000
三级	1.2	0.1	12	15	1/700	—	1	2	$24\sqrt{n}$	≤1/5000

注：1. 表中 n 为测站数。
2. 当测区测图的最大比例尺为 1∶1000 时，一、二、三级导线的导线长度、平均边长可适当放长，但最大长度不应大于表中规定相应长度的 2 倍。

表 5-2　水平角方向观测法的技术要求

等级	仪器精度等级	半测回归零差(″)	一测回内 2C 互差(″)	同一方向值各测回较差(″)
一级及以下	2″级仪器	12	18	12

注：当观测方向的竖直角超过±3°的范围时，该方向 2C 互差可按相邻测回同方向进行比较，其值应满足表中一测回内 2C 互差的限值。

表 5-3　测距的主要技术要求

平面控制等级	仪器精度等级	每边测回数		一测回读数较差/mm	单程各测回较差/mm	往返测距较差/mm
		往	返			
一级	10mm 级仪器	2	—	≤10	≤15	—
二级	10mm 级仪器	2	—	≤10	≤15	

注：1. 测回是指照准目标一次、读数 2~4 次的过程。
2. 困难情况下，边长测距可采取不同时间段测量代替往返观测。

5.2.8 注意事项

1）实训前要复习课本上有关内容，了解实训的内容及要求。

2）严格遵守测量仪器的使用规则。

3）作业中提高安全意识，防范人身和仪器事故发生。要注意汽车、人流的通行。观测过程中，观测者不能随意离开仪器。注意人身安全。

4）严格执行规范要求，超限必须重测，不得随意更改原始数据，保证数据的真实性。

5）小组成员应团结、协同作业、互相配合，不得因闹矛盾影响实训进程。

6）注意记录的整洁性、字体大小适中、清晰美观。

5.2.9 填写观测手簿，绘制导线示意图（表5-4~表5-6）

表5-4 全站仪导线观测手簿1

观测日期：20____年______月______日　　仪器及编号________________　　观测者____________　　记录者____________　　检查者____________

水平角观测	觇点	读数 盘左 (°) (′) (″)	读数 盘右 (°) (′) (″)	2C	半测回方向	一测回方向	各测回平均方向	附注

边长	平距观测值		平距中数	边长	平距观测值		平距中数

表 5-6 导线测量点位设计方案

班级________ 组别________ 小组成员________________ 时间________年____月____日

导线示意图及点位说明：

5.3.7 内业平差计算训练

1. 本组导线内业计算。
2. 如图 5-1 所示闭合导线，计算各点的坐标。

点名	x/m	y/m	方位角
A	34180. 887	14206. 554	
B	33586. 693	14366. 157	

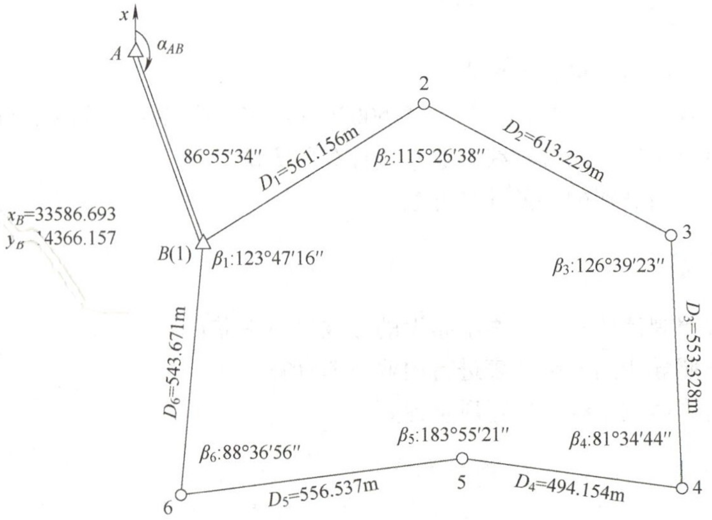

图 5-1 闭合导线

3. 图 5-2 为某一级附合导线，计算各点的坐标。

点名	x/m	y/m	方位角
A	34240. 484	14064. 832	
B	33586. 693	14366. 157	
C	32917. 021	17056. 571	
D	32388. 930	17232. 221	

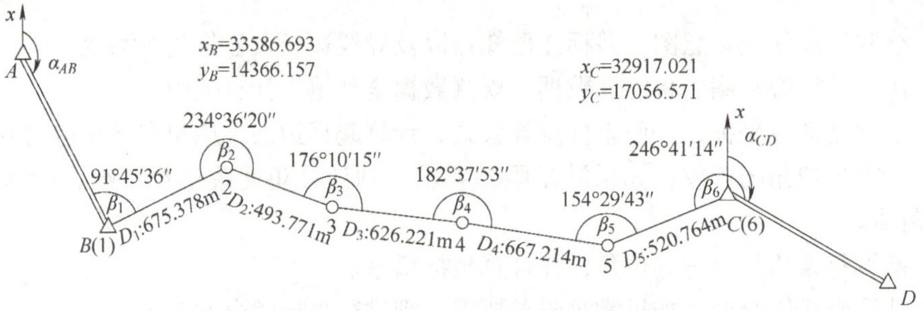

图 5-2 某一级附合导线

工作训练 5.3 导线的内业计算

5.3.1 知识目标

1）了解导线的布设形式及要求。

2）正确理解《工程测量标准》（GB 50026—2020）中有关导线测量的技术要求。

3）掌握附合导线、闭合导线内业平差计算的方法。

4）了解无定向导线的平差计算方法。

5.3.2 能力目标

1）能够按照规范要求，对本组布设的导线进行平差计算。

2）能够按照导线的线路图表进行内业平差计算。

3）能够对导线测量结果进行质量评判。

5.3.3 训练内容

1）对本组布设的导线进行平差计算。

2）对给定的导线图表进行平差计算。

5.3.4 训练器具

3H 铅笔、计算图表、记录板、计算器、橡皮擦等。

5.3.5 训练方法

先结合教材和多媒体资源，完成预习，再根据老师的讲解、示范进行实操训练。

5.3.6 训练指导

1）绘制导线作业示意图，并标注已知点以及导线边长及各折角观测值。

2）按照计算线路图，将已知数据、观测数据全部填入计算表中。

3）根据已知点坐标，按照坐标反算公式，计算起算边的方位角和终止边的方位角。

4）计算方位角闭合差，如果满足限差要求，则计算角度改正数，然后计算出改正后的折角值。

5）推算每条边的坐标方位角，并计算坐标增量。

6）计算坐标闭合差，如果满足限差要求，则进行坐标闭合差改正。

7）计算未知点坐标，并完成精度评定。

4. 图 5-3 为某一级无定向导线，计算各点的坐标。

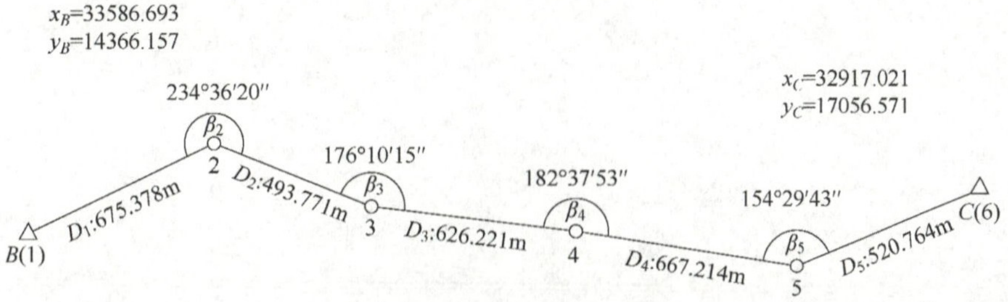

图 5-3 某一级无定向导线

表 5-5 全站仪导线观测手簿 2

观测日期：20 ____年______月______日　仪器及编号______________　观测者__________　记录者__________　检查者__________

	觇点	读数		2C	半测回方向	一测回方向	各测回平均方向	附注
		盘左	盘右					
		(°) (′) (″)	(°) (′) (″)					
水平角观测								

边长	平距观测值		平距中数	边长	平距观测值		平距中数

以上训练的平差计算表见表5-7。

表5-7　导线近似平差计算表

点号	观测角（右） $\beta_{右}$	改正数 v_β	改正后角值 β	坐标方位角 α	距离 D/m	纵坐标增量 Δx			横坐标增量 Δy			纵坐标 x/m	横坐标 y/m
	(°) (′) (″)	(″)	(°) (′) (″)	(°) (′) (″)		计算值/m	改正值/mm	改正后的值/m	计算值/m	改正值/mm	改正后的值/m		
合计													
辅助计算	$f_\beta=+$ $f_{\beta允}=\pm$　　$''\sqrt{n}=\pm$　　$''$ $f_\beta<f_{\beta允}$ $v_\beta=-f_\beta/n=-$					$f_x=-$　　m　　$f_y=$　　m　　$f_S=$　　m $K=f_S/\sum S=$　　$<K_{允}$　　$K_{允}=$							

工作依据 5.4 导线测量的相关知识

5.4.1 导线测量的布设形式

根据测区的情况和工程建设的需要，简单的导线布设形式有：闭合导线、附合导线、支导线。相邻控制点用直线连接所构成的连续折线称为导线，其中控制点称为导线点。相邻导线边之间的水平角称为转折角。

（1）闭合导线　闭合导线是从一点开始经过一系列的导线点，最后又回到原来的起始点形成一个多边形。如图 5-4 所示，导线从已知点 A 和已知方向 AB 出发，经过点 1、2、3、4 最后仍回到起点 A，形成一个闭合多边形，这样的导线称为闭合导线。闭合导线本身有严密的几何条件，具有检核作用。

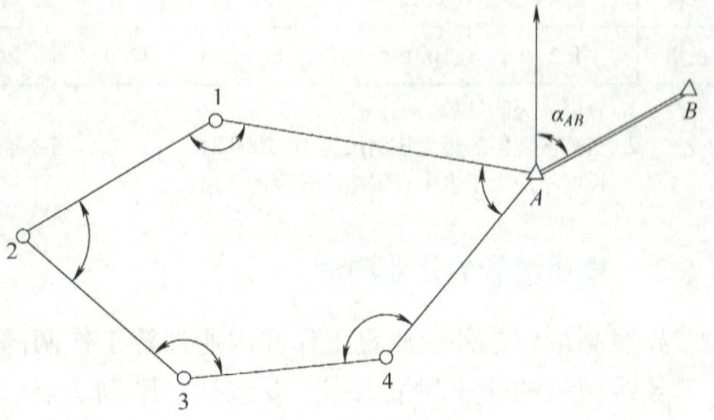

图 5-4　闭合导线

（2）附合导线　附合导线是导线起始于一个高级控制点，最后附合到另一个高级控制点。如图 5-5 所示，导线从已知控制点 B 和已知方向 AB 出发，经过点 1、2、3 最后附合到另一已知点 C 和已知方向 CD 上。这种布设形式，具有检核观测成果的作用。

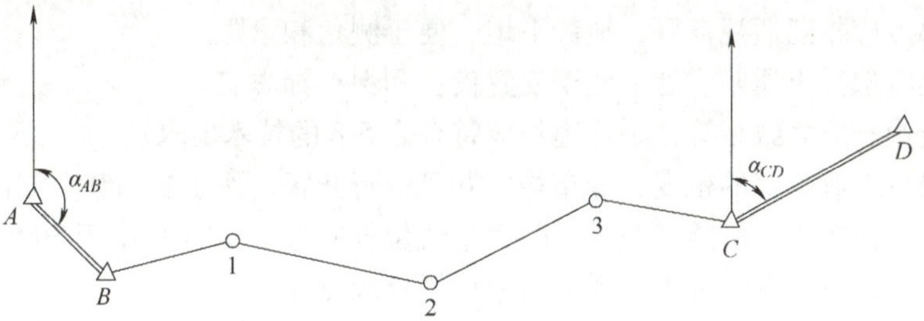

图 5-5　附合导线

（3）支导线　支导线是由一个已知点和已知方向出发，既不附合到另一个已知点，又不回到起始点的导线。如图 5-6 所示，B 为已知控制点，α_{BA} 为已知方向，点 1、2 为支导线点。由于支导线缺乏检核条件，不易发现错误，因此其点数一般不超过两个，它仅用于图根导线测量。

导线测量的应用：不受地形限制，用于建筑区（通视不好，拐弯多）、带状工程、地下工程、铁路建设和水利建设等。用导线测量的方法建立小地区平面控制网，通常分为一级导线、二级导线、三级导线和图根导线几个等级。各级导线的主要技术要求参见表5-8。

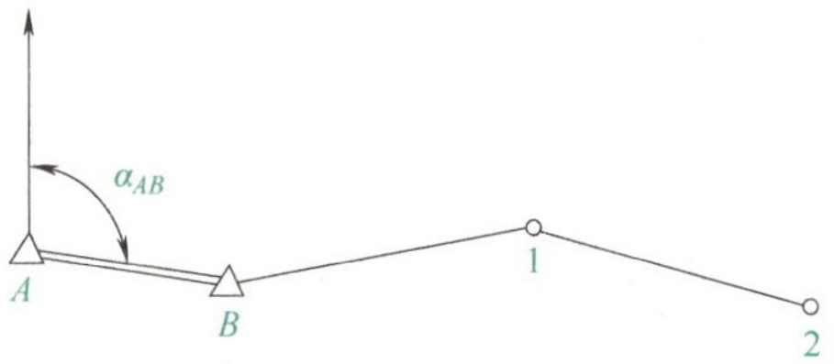

图 5-6　支导线

表 5-8　导线的主要技术要求

等级	附合导线长度/km	平均边长/km	测距中误差/mm	测角中误差/(″)	导线全长相对闭合差	测回数		方位角闭合差/(″)
						DJ_2	DJ_6	
一级	4.0	0.5	15	5.0	≤1/15000	2	4	$\leqslant \pm 10\sqrt{n}$
二级	2.4	0.25	15	8.0	≤1/10000	1	3	$\leqslant \pm 16\sqrt{n}$
三级	1.2	0.1	15	12.0	≤1/5000	1	2	$\leqslant \pm 24\sqrt{n}$

注：1. 表中 n 为测站数。

2. 当测区测图的最大比例尺为 1∶1000 时，一、二、三级导线的导线长度、平均边长可适当放长，但最大长度不应大于表中规定相应长度的 2 倍。

5.4.2　导线测量的外业测量

导线测量包括外业测量工作和内业计算工作两部分。

导线测量的外业测量工作主要包括：踏勘选点、建立标志、导线边长测量、转折角测量、连接测量和定向与定位。

1. 踏勘选点

在选点前，应先收集测区已有地形图和已有高级控制点的成果资料，将控制点展绘在原有地形图上，然后在地形图上拟定导线布设方案，最后到野外踏勘，核对，修改，落实导线点的位置，并建立标志。

选点时应该注意以下几点：

1）相邻点应相互通视良好，地势平坦，便于测角和量距。

2）点位应选择土质坚实处，便于安置仪器和保存标志点。

3）导线边长应大致相等，平均边长应符合表 5-8 的技术要求。

4）导线点应有足够的密度，分布均匀并且视野开阔，便于控制整个测区。

5）路线平面控制应沿路线布设，距离中线位置应大于 50m 且小于 300mm。

6）在桥梁两岸、隧道进出口附近均应设置导线点。

2. 建立标志

导线点的标志应根据不同的需求和保存的时间不同，选择不同的材质建立临时性标志和永久性标志两种。

（1）临时性标志　导线点位置选定后，要在每一点位上打一个木桩，在桩顶钉一小钉，作为点的标志，如图 5-7 所示。也可在水泥地面上用红漆画一圆，圆内点一小点，作为临时标志；在碎石或沥青路面上，可以用顶上凿有十字纹的大铁钉代替木桩；在混凝土场地或路面上，可以用钢凿凿一十字纹，再涂上红油漆使标志明显。

（2）永久性标志 需要长期保存的导线点应埋设混凝土桩，如图 5-8 所示。桩顶嵌入带“+”字的金属标志，作为永久性标志。

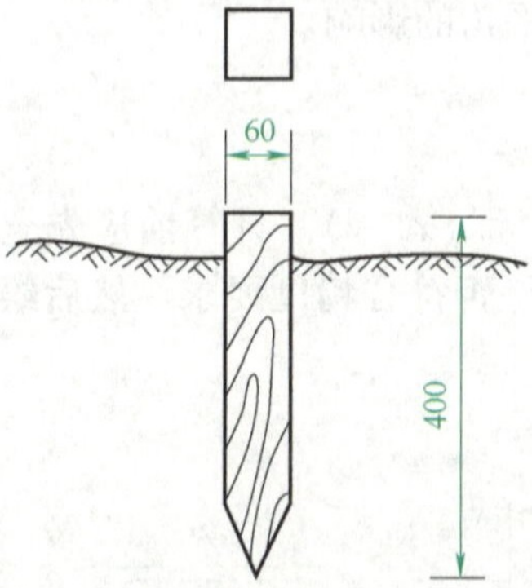

图 5-7 临时性标志

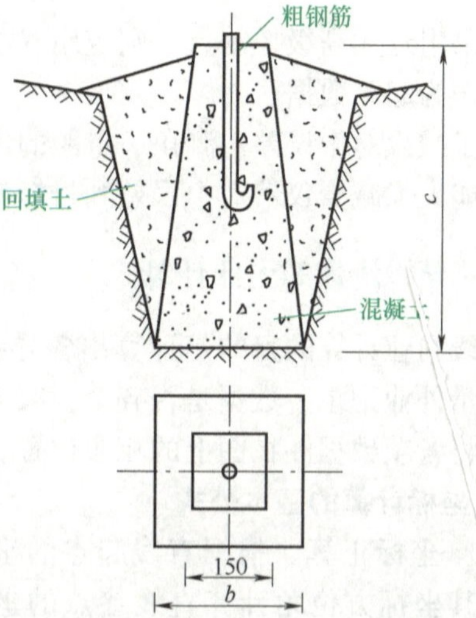

图 5-8 永久性标志（注：b、c 由埋设深度而定）

导线点应统一编号，为了便于寻找，应量出导线点与附近明显地物的距离，绘出草图，注明尺寸，该图称为“点之记”，如图 5-9 所示。

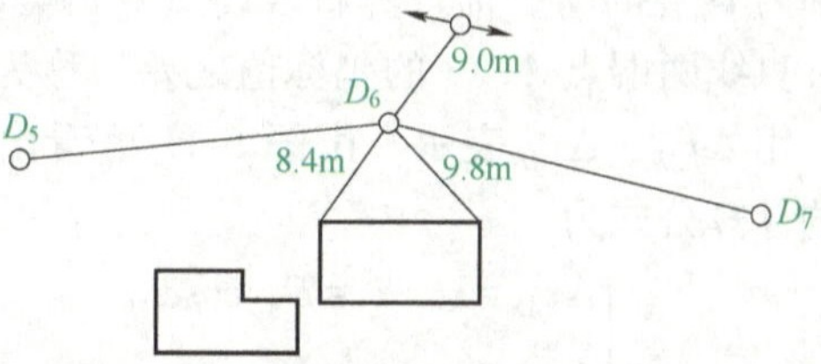

图 5-9 点之记

3. 导线边长测量

导线边长宜采用全站仪进行测量。

4. 转折角测量

导线转折角的测量一般采用测回法观测。在附合导线中一般测左角；在闭合导线中一般测内角；对于支导线，应分别观测左、右角。不同等级导线的测角技术要求详见表 5-1 及表 5-2。图根导线，一般用 DJ_6 经纬仪测一测回，当盘左、盘右两半测回角值的较差不超过±40″时，取其平均值。

5. 连接测量

导线与高级控制点进行连接，以取得坐标和坐标方位角的起算数据，称为连接测量。导线连测为测定连接角和连接边，测量方法同导线。导线边和已知边的水平夹角叫作连接角。导线点和已知点的连线叫作连接边。

如图 5-10 所示，A、B 为已知点，1 ~ 5 为新布设的导线点，连接测量就是观测连接角 β_B、β_1 和连接边 D_{B1}。

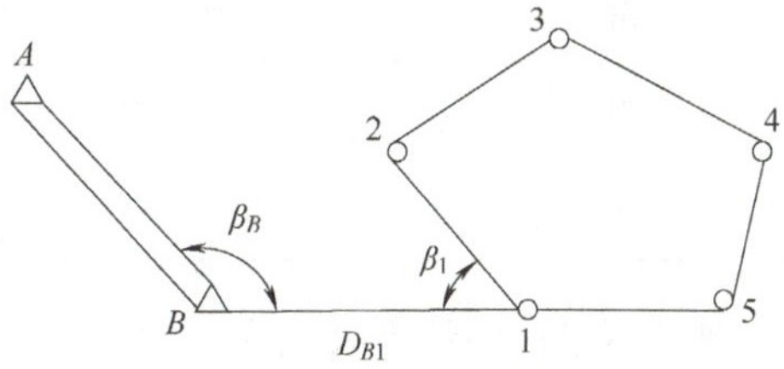

图 5-10 导线连测

6. 定向与定位

在新布设的平面控制网中，至少需要已知一条边的坐标方位角才可以确定控制网的方向，简称定向；至少需要已知一个点的平面坐标才可以确定控制网的位置，简称定位。

如果附近无高级控制点，则应用罗盘仪测定导线起始边的磁方位角，并假定起始点的坐标作为起算数据。

为了减少对中误差对测角、量距的影响，各等级导线观测宜采用三联脚架法。三联脚架法能大大减少仪器对中误差和目标偏心误差对水平角的影响。

5.4.3 导线测量的内业计算

导线内业计算的目的是计算出各导线点的平面坐标（x，y）。计算前应先全面检查导线测量外业记录，数据是否齐全，有无错误，成果是否符合精度要求。然后绘制计算略图，将各项数据注在图上的相应位置。

1. 坐标计算的基本公式

（1）坐标正算　根据直线起点的坐标、直线长度及其坐标方位角计算直线终点的坐标，称为坐标正算。如图 5-11 所示，已知直线 AB 起点 A 的坐标为（x_A，y_A），AB 边的边长及坐标方位角分别为 D_{AB}和 α_{AB}，需计算直线终点 B 的坐标。

直线两端点 A、B 的坐标值之差，称为坐标增量，用 Δx_{AB}、Δy_{AB}表示。由图 5-11 可看出坐标增量的计算公式为

$$\begin{cases}\Delta x_{AB}=x_B-x_A=D_{AB}\cos\alpha_{AB}\\ \Delta y_{AB}=y_B-y_A=D_{AB}\sin\alpha_{AB}\end{cases} \tag{5-1}$$

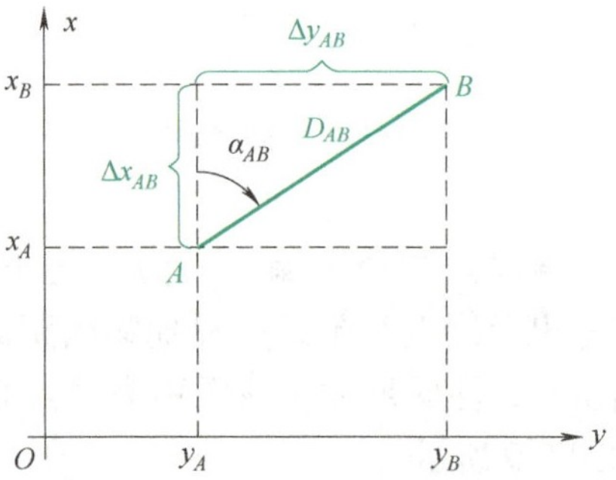

图 5-11　坐标增量计算

根据式（5-1）计算坐标增量时，sin 和 cos 函数值随着 α 角所在象限而有正负之分，因此算得的坐标增量同样具有正、负号。坐标增量正、负号的规律见表 5-9。

表 5-9　坐标增量正、负号的规律

象限	坐标方位角 α	Δx	Δy
Ⅰ	0°～90°	+	+
Ⅱ	90°～180°	−	+
Ⅲ	180°～270°	−	−
Ⅳ	270°～360°	+	−

则 B 点坐标的计算公式为

$$\begin{cases}x_B=x_A+\Delta x_{AB}=x_A+D_{AB}\cos\alpha_{AB}\\ y_B=y_A+\Delta y_{AB}=y_A+D_{AB}\sin\alpha_{AB}\end{cases} \tag{5-2}$$

（2）坐标反算　根据直线起点和终点的坐标，计算直线的边长和坐标方位角，称为

坐标反算。如图 5-11 所示，已知直线 AB 两端点的坐标分别为（x_A，y_A）和（x_B，y_B），则直线边长 D_{AB} 和坐标方位角 α_{AB} 的计算公式为

$$D_{AB}=\sqrt{\Delta x_{AB}^2+\Delta y_{AB}^2} \tag{5-3}$$

$$\alpha_{AB}=\arctan\frac{\Delta y_{AB}}{\Delta x_{AB}} \tag{5-4}$$

应该注意的是坐标方位角的角值范围在 0°~360°之间，而 arctan 函数的角值范围在 -90°~+90°之间，两者是不一致的。按式（5-4）计算坐标方位角时，计算出的是象限角，因此，应根据坐标增量 Δx、Δy 的正、负号，按表 5-9 决定其所在象限，再把象限角换算成相应的坐标方位角。

例：已知 A、B 两点的坐标分别为 $x_A=342.99\text{m}$，$y_A=814.29\text{m}$，$x_B=304.50\text{m}$，$y_B=525.72\text{m}$，试计算 AB 的边长及坐标方位角。

解：计算 A、B 两点的坐标增量：

$$\Delta x_{AB}=x_B-x_A=304.50\text{m}-342.99\text{m}=-38.49\text{m}$$

$$\Delta y_{AB}=y_B-y_A=525.72\text{m}-814.29\text{m}=-288.57\text{m}$$

根据式（5-3）和式（5-4）得

$$D_{AB}=\sqrt{\Delta x_{AB}^2+\Delta y_{AB}^2}=\sqrt{(-38.49)^2+(-288.57)^2}\text{m}=291.13\text{m}$$

$$\alpha_{AB}=\arctan\frac{\Delta y_{AB}}{\Delta x_{AB}}=\arctan\frac{-288.57}{-38.49}=262°24'09''$$

2. 闭合导线的坐标计算

（1）准备工作　在计算之前，全面检查外业测量记录，数据是否齐全，有无遗漏、记错或算错，成果是否符合规范的要求。检查无误后，就可以绘制导线略图（见图 5-12），将已知数据和观测成果标注于图中，以便计算。

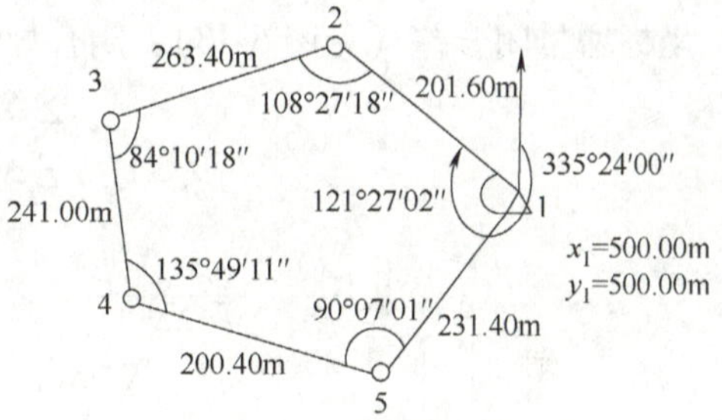

图 5-12　闭合导线略图

（2）闭合导线计算　计算导线坐标的步骤包括：计算角度闭合差，推算其他导线边的坐标方位角，计算各导线边的坐标增量，计算各导线点坐标。

1）角度闭合差的计算和角度的调整。

闭合导线内角和理论值：

$$\sum\beta_{理}=(n-2)\times180° \tag{5-5}$$

实测内角和：$\sum\beta_{测}$。

角度闭合差：

$$f_\beta=\sum\beta_{测}-\sum\beta_{理} \tag{5-6}$$

容许角度闭合差（不同等级参考表 5-8），三级导线容许角度闭合差为 $f_{\beta p}=\pm24\sqrt{n}$。

当 $|f_\beta|<|f_{\beta p}|$ 时，说明所测水平角符合要求，对所测水平角进行调整。

角度闭合差分配：

$$v_\beta = -\frac{f_\beta}{n} \tag{5-7}$$

分配值以秒为单位，剩余的分给短边夹角。

计算检核：

$$\sum v_\beta = -f_\beta \tag{5-8}$$

计算改正后的水平角：

$$\beta_i' = \beta_i + v_\beta \tag{5-9}$$

2）坐标方位角计算。根据起始边的已知坐标方位角及改正后的水平角，推算其他各导线边的坐标方位角。

当观测水平角为左角时：

$$\alpha_{BC} = \alpha_{AB} + 180° + \beta_{左} - 360° = \alpha_{AB} - 180° + \beta_{左} \tag{5-10}$$

当观测水平角为右角时：

$$\alpha_{BC} = \alpha_{AB} + 180° - \beta_{右} \tag{5-11}$$

若计算出的方位角超过360°则应减去360°。

若计算出的方位角小于0°则应加上360°。

计算检核：最后推算出的起始边的坐标方位角，它应与原有起始边已知坐标方位角相等，否则应重新计算。

3）坐标增量计算和坐标增量的调整。一条导线边两端点的纵坐标（或横坐标）之差，称为该导线边的坐标增量。坐标增量的计算见式（5-1）。

坐标增量闭合差（见图5-13）：闭合导线横纵坐标增量的代数和理论值应为零。

$$\sum \Delta x_{理} = 0 \tag{5-12}$$

$$\sum \Delta y_{理} = 0 \tag{5-13}$$

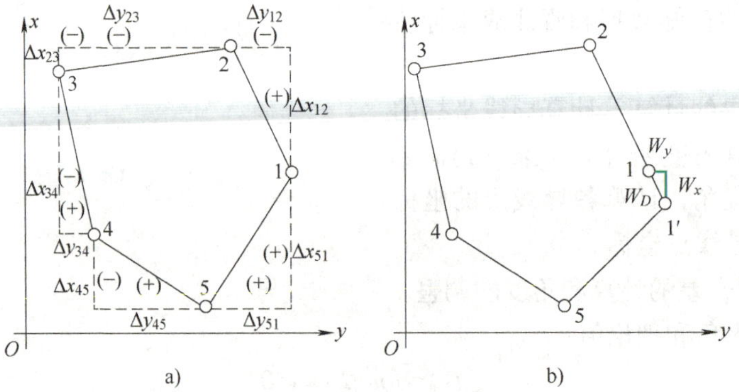

图5-13　坐标增量闭合差

实际上由于导线边长测量误差和角度闭合差调整后的残余误差，使实际计算所得的$\sum \Delta x_{测}$、$\sum \Delta y_{测}$不等于零，产生纵坐标增量闭合差和横坐标增量闭合差。

$$W_x = \sum \Delta x_{测} \tag{5-14}$$

$$W_y = \sum \Delta y_{测} \tag{5-15}$$

导线全长闭合差：

$$W_D=\sqrt{W_x^2+W_y^2} \tag{5-16}$$

导线全长相对闭合差：设导线全长为$\sum S$，则

$$K=\frac{W_D}{\sum S}=\frac{1}{T} \tag{5-17}$$

导线全长相对闭合差限差参考表5-1。

坐标增量调整原则：以相反符号按边长比例分配到各边长的坐标增量中去。其坐标增量改正数为

$$\begin{cases} v_{xi}=\dfrac{-f_x}{\sum S}S_i \\ v_{yi}=\dfrac{-f_y}{\sum S}S_i \end{cases} \tag{5-18}$$

检验改正结果：

$$\begin{cases} \sum v_x=-f_x \\ \sum v_y=-f_y \end{cases} \tag{5-19}$$

4）坐标计算。

$$\begin{cases} x_2=x_1+\Delta x_{12}, & y_2=y_1+\Delta y_{12} \\ x_3=x_2+\Delta x_{23}, & y_3=y_2+\Delta y_{23} \\ \vdots \end{cases} \tag{5-20}$$

闭合导线坐标计算见表5-10。

3. 附合导线的坐标计算

附合导线和闭合导线的内业计算基本一致，两者的主要差异在于角度闭合差和坐标增量闭合差的计算上。附合导线略图如图5-14所示。

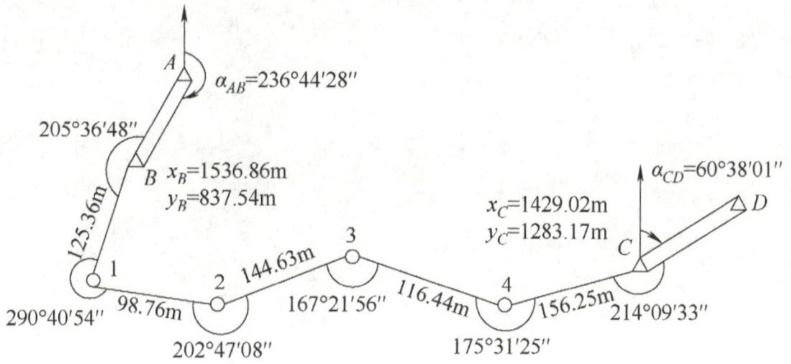

图5-14 附合导线略图

附合导线与闭合导线最大的区别是起始点已知点和终点的已知点不重合。在平差计算过程中，角度闭合差和坐标增量闭合差的计算方法有所不同，其他元素的计算方法完全相同。

（1）角度闭合差 理论上计算终边方位角应与已知终边方位角相等，由于角度误差的存在，产生角度闭合差。

$$\alpha_{B1}=\alpha_{AB}+180°-\beta_B$$

$$\alpha_{12}=\alpha_{B1}+180°-\beta_1$$

$$\alpha_{23}=\alpha_{12}+180°-\beta_2$$

$$\alpha_{34}=\alpha_{23}+180°-\beta_3$$

$$\alpha_{CD}=\alpha_{34}+180°-\beta_C$$

$$\begin{cases}\alpha_{CD}=\alpha_{AB}+5\times180°-\sum\beta_m \\ \alpha'_{fm}=\alpha_0+n180°-\sum\beta_R \\ f_\beta=\alpha'_{终}-\alpha_{终}\end{cases} \tag{5-21}$$

角度闭合差分配原则：角度为左角时，以反符号平均分配；角度为右角时以相同符号平均分配。

（2）坐标增量闭合差

理论坐标增量计算：

$$\begin{cases}\sum\Delta x_{理}=\Delta x_{终}-\Delta x_{起} \\ \sum\Delta y_{理}=\Delta y_{终}-\Delta y_{起}\end{cases} \tag{5-22}$$

闭合差为

$$\begin{cases}f_x=\sum\Delta x_{测}-\sum\Delta x_{理} \\ f_y=\sum\Delta y_{测}-\sum\Delta y_{理}\end{cases} \tag{5-23}$$

$$\begin{cases}f_x=\sum_1^n\Delta x-(x_B-x_A) \\ f_y=\sum_1^n\Delta y-(y_B-y_A)\end{cases} \tag{5-24}$$

附合导线坐标计算见表5-11。

表 5-10 闭合导线坐标计算表

点号	观测角（左）$\beta_{左}$ (°)(′)(″)	改正数 v_β (″)	改正后角值 β (°)(′)(″)	坐标方位角 α (°)(′)(″)	距离 D/m	纵坐标增量 Δx 计算值/m	纵坐标增量 Δx 改正值/mm	纵坐标增量 Δx 改正后的值/m	横坐标增量 Δy 计算值/m	横坐标增量 Δy 改正值/mm	横坐标增量 Δy 改正后的值/m	纵坐标 x/m	横坐标 y/m
1												500.00	500.00
				335 24 00	201.60	+183.30	+5	+183.35	−83.92	+2	−83.90		
2	108 27 18	−10	108 27 08									683.35	416.10
				263 51 08	263.40	−28.21	+7	−28.14	−261.89	+2	−261.87		
3	84 10 18	−10	84 10 08									655.21	154.23
				168 01 16	241.00	−235.75	+7	−235.68	+50.02	+2	+50.04		
4	135 49 11	−10	135 49 01									419.53	204.27
				123 50 17	200.40	−111.59	+5	−111.54	+166.46	+1	+166.47		
5	90 07 01	−10	90 06 51									307.99	370.74
				33 57 08	231.40	+191.95	+6	+192.01	+129.24	+2	+129.26		
1′	121 27 02	−10	121 26 52									500.00	500.00
				335 24 00									
$\Sigma\beta$	540 00 50	−50	540 00 00	$\Sigma D=1137.80$		$\Sigma\Delta x=-0.30$		0	$\Sigma\Delta y=-0.09$		0		
辅助计算	$f_\beta=\Sigma\beta-(n-2)\times180°=000°00'50''$ $f_{\beta允}=\pm60''\sqrt{n}=\pm134''$ $f_\beta<f_{\beta允}$ $v_\beta=-f_\beta/n=-10''$				$W_x=\sum\Delta x=-0.30\text{m}$ $W_y=\sum\Delta y=-0.09\text{m}$ $W_S=\sqrt{W_x^2+W_y^2}\text{m}=0.31\text{m}$ $K=W_S/\sum S=\frac{1}{3600}<K_{允}$ $K_{允}=1/2000$								

表 5-11　附合导线坐标计算表

点号	观测角（右）$\beta_{右}$ (°)(′)(″)	改正数 v_β (″)	改正后角值 β (°)(′)(″)	坐标方位角 α (°)(′)(″)	距离 D/m	纵坐标增量 Δx 计算值/m	纵坐标增量 Δx 改正值/mm	纵坐标增量 Δx 改正后的值/m	横坐标增量 Δy 计算值/m	横坐标增量 Δy 改正值/mm	横坐标增量 Δy 改正后的值/m	纵坐标 x/m	横坐标 y/m
A													
				236 44 28									
B	205 36 48	−13	205 36 35									1536.86	837.54
				211 07 53	125.36	−107.31	+4	−107.27	−64.81	−2	−64.83		
1	290 40 54	−12	290 40 42									1429.59	772.71
				100 27 11	98.76	−17.92	+3	−17.89	+97.12	−2	+97.10		
2	202 47 08	−13	202 46 55									1411.70	869.81
				77 40 16	144.63	+30.88	+4	+30.92	+141.29	−2	+141.27		
3	167 21 56	−13	167 21 43									1442.62	1011.08
				90 18 33	116.44	−0.63	+3	−0.60	+116.44	−2	+116.42		
4	175 31 25	−13	175 31 12									1442.02	1127.50
				94 47 21	156.25	−13.05	+5	−13.00	+155.70	−3	+155.67		
C	214 09 33	−13	214 09 20									1429.02	1283.17
				60 38 01									
D													
$\Sigma\beta$	1256 07 44	−77	1256 06 27	$\sum D=641.44$		$\sum\Delta x=$ −0.19		−107.84	$\sum\Delta y=$ −0.11		+445.63		
辅助计算	$f_\beta=+1'17''$ $f_{\beta允}=\pm60''\sqrt{n}=\pm147''$ $f_\beta<f_{\beta允}$ $v_\beta=-f_\beta/n=-13''$				$W_x=-0.19\text{m}$　$W_y=+0.11\text{m}$　$W_S=\sqrt{W_x^2+W_y^2}=0.22\text{m}$ $K=W_S/\sum S=\frac{1}{2900}<K_{允}$　$K_{允}=1/2000$								

工作自测 5.5

自主学习任务单

自测 5.5.1 附合导线测量

<table>
<tr><td colspan="2">1. 任务</td><td colspan="3">在规定的时间内，完成由四个点组成的附合导线测量，如图所示
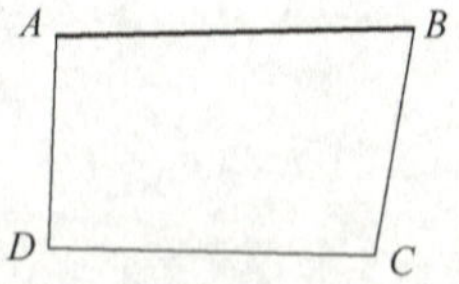
</td></tr>
<tr><td colspan="2">2. 任务说明</td><td colspan="3">在 60min 之内，完成由四个点组成的附合导线测量工作
1）4 人一组，每人观测、记录一个测站的水平角与距离测量，4 人共同完成一条导线的全部工作
2）一人观测完成后交换角色，注意组员的协调配合
3）时间从支脚架开始计时</td></tr>
<tr><td colspan="2">3. 仪器、设备、场地</td><td colspan="3">1）全站仪 1 台，对中杆 2 副，单棱镜 2 块，记录板 1 块，计算器 2 部，2H 或 3H 铅笔 2 支
2）在文化广场周边或指定区域进行</td></tr>
<tr><th>序号</th><th>项目名称</th><th>质量要求</th><th>评分细则</th><th>得分</th></tr>
<tr><td>1</td><td>不合格成果
（0 分）</td><td>满足规范要求</td><td>1）原始观测记录用橡皮擦
2）测站限差超限
3）原始记录角度分或者距离分米以下的数字划改或涂改及连环改动</td><td></td></tr>
<tr><td>2</td><td>仪器的安置
（10 分）</td><td>对中在小圈内，
气泡偏离不超过 1 格</td><td>1min 以内不扣分，超过 1min，扣 1 分/10s，扣完为止</td><td></td></tr>
<tr><td>3</td><td>观测与记录
（40 分）</td><td>按测量规范要求操作</td><td>下列情形出现一次扣 2 分：
1）记录转抄观测原始记录划改不注明错误原因或注明原因不规范
2）手簿缺少计算项或计算错误
3）就字改字或字迹模糊影响识读
4）观测手簿非单横线或不用尺子随意划改</td><td></td></tr>
<tr><td>4</td><td>计算
（20 分）</td><td>计算正确无误</td><td>计算错误一处扣 $2n$ 分（n 为影响后续计算的项数），扣完为止</td><td></td></tr>
<tr><td>5</td><td>效率（速度）
（30 分）</td><td>快速、高效完成</td><td>60min 内完成不扣分，超过 60min，扣 2 分/min，扣完为止</td><td></td></tr>
<tr><td colspan="4">总计得分</td><td></td></tr>
<tr><td colspan="5">小组成员：</td></tr>
</table>

自测5.5.2 附合导线的内业计算

<table>
<tr><td>1. 任务</td><td>在30min内完成附合导线近似平差计算</td></tr>
<tr><td>2. 其他需要说明的问题和要求</td><td>1）根据导线示意图，将角度观测值填入“计算表”中，完成导线的近似平差计算
2）按一级导线的限差要求进行核定
3）每人独立完成，时间从拿到计算表格开始，上交表格结束
<table><tr><td>方位角闭合差</td><td>≤±10″√n</td></tr><tr><td>导线相对闭合差</td><td>≤1/14000</td></tr></table></td></tr>
<tr><td>3. 仪器、设备、场地</td><td>1）导线计算表一张、计算器、铅笔、橡皮等
2）在实训室或教室完成</td></tr>
</table>

序号	项目名称	质量要求	得分	得分与扣分
1	观测值的填写（10分）	内容清楚，数据准确		填错一项扣2分，扣完为止
2	计算表格的整洁（10分）	计算表格书写工整，字迹清楚，页面整洁		酌情扣分
3	导线的平差计算（60分）	计算正确，计算项完整		缺少计算项扣2分/项；一处计算错误扣1×n分，n为影响后续计算的项目数，扣完为止
4	效率（速度）（20分）	快速、高效完成		20min内完成不扣分，超过20min，扣2分/min，扣完为止

导线测量成果计算表

学号________　　姓名________

点号	观测角 (°)(′)(″)	角度改正数 (″)	改正后角度值 (°)(′)(″)	坐标方位角 (°)(′)(″)	距离/m	坐标增量 Δx 计算值/m	坐标增量 Δx 改正值/mm	坐标增量 Δx 改正后的值/m	坐标增量 Δy 计算值/m	坐标增量 Δy 改正值/mm	坐标增量 Δy 改正后的值/m	纵坐标 x/m	横坐标 y/m
V11												3866. 371	4538. 187
V12												3953. 808	4825. 394
C01													
C02													
C03													
C04													
D03												4429. 962	5481. 926
D04												4730. 517	5612. 011

辅助计算

$f_\beta =$　　$f_{\beta允} =$

$f_x =$　　$f_y =$

$f =$　　$K =$

导线略图

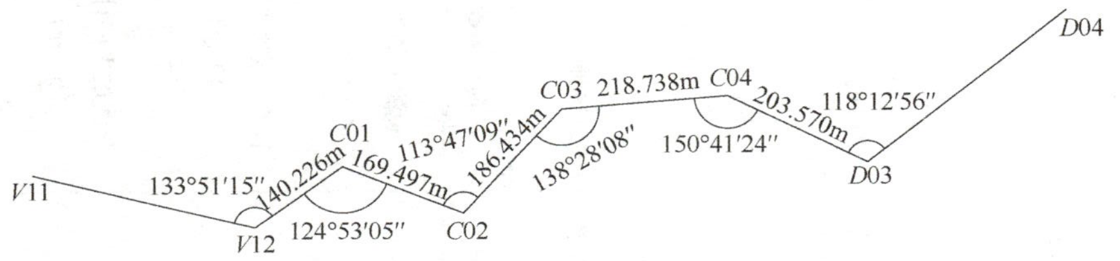

注：角度及改正数的计算取位至 1″，距离、坐标及相关改正数的计算取位至 1mm。

工作任务 6

D 级 GNSS 控制网测量

任务目标

1）了解平面控制测量的方法。

2）了解 GNSS 测量的基本原理和方法。

3）了解不同等级 GNSS 网的布网要求。

4）掌握 GNSS 布网选点要求。

5）利用南方 GNSS 接收机进行 D 级 GNSS 控制网外业数据采集及内业静态数据处理。

素质目标

1）树立“精益求精”的工匠精神，吃苦耐劳的优良品德。

2）培养谨慎谦虚、团结协作，主动配合的精神。

3）养成严格执行规范，保证成果质量的责任意识。

工作任务

1）布设一个由 10 个点组成的 D 级 GNSS 控制网。

2）利用南方 GNSS 接收机完成 D 级 GNSS 控制网的外业数据采集。

3）利用南方 GNSS 静态数据处理软件进行数据处理与控制网平差计算。

工作训练 6.1

GNSS 静态定位测量

6.1.1 知识目标

1）了解 GNSS 测量的基本原理和方法。

2）了解不同等级 GNSS 网的布网要求。

3）掌握 GNSS 布网选点要求。

4）掌握 GNSS 作业流程和作业模式。

6.1.2 能力目标

1）能够按照规范要求在指定的区域内布设一个由 10 个点组成的 D 级 GNSS 控制网。

2）能够按照规范要求利用南方 GNSS 接收机进行 D 级 GNSS 控制网外业数据采集。

6.1.3 训练内容

1）按照规范要求在指定的区域内布设一个由 10 个点组成的 D 级 GNSS 控制网。

2）按照规范要求利用南方 GNSS 接收机进行 D 级 GNSS 控制网外业数据采集。

6.1.4 训练器具

南方 GNSS 接收机 1 套，木质三脚架 1 副，记号笔 1 支，锤子 1 把，钢钉若干，自备 3H 铅笔、记录板、计算器、记录表等。

6.1.5 训练方法

先结合教材和多媒体资源，完成预习，再根据老师讲解、示范进行实操训练。

6.1.6 训练指导

使用 GNSS 进行控制测量克服了传统控制测量的很多缺点，但是根据其工作原理的不同，又出现了很多跟传统控制测量不同的工作要求。GNSS 测量的工作原则是在满足用户要求的情况下，尽可能地减少经费、时间和人力的消耗。因此，对其各阶段的工作都要精心设计和实施。GNSS 实测流程如图 6-1 所示。

1. 准备工作

1）编制作业轮序表。

2）在遥感图上预选点，设计网形。根据 GNSS 控制网布设选点要求实地踏勘选点，定点（使用油漆或者水泥钉做记号）。

3）制订作业计划，可查阅GNSS信号的强度分布时间，提前做好各组之间的协调沟通工作。

2. 野外作业

（1）安置及启动仪器

1）在选好的观测站点上安放三脚架，注意选点符合GNSS观测的要求（空旷，高处，远离反射源、电磁干扰源、树林、高大建筑物等）。不要在靠近接收机的地方使用对讲机、手机等无线电设备。

2）小心打开仪器箱，取出基座及对中器，将其安放在脚架上，在测点上对中、整平基座。

3）从仪器箱中取出接收机，确保接收机已安好电池。将其安放在对中器上，并将其锁紧。

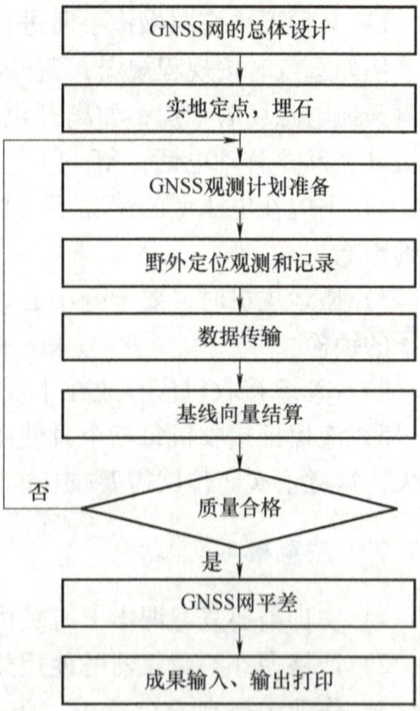

图6-1　GNSS实测流程图

（2）量取天线高即仪器高　安置好仪器后，用户应在各观测时段的前后，各量取天线高一次，量至毫米。天线高是指由标石（或其他标志）或者地面点中心顶端到天线相位中心的高度。

特别注意：实际输入仪器天线高时要求输入 h，即用钢卷尺由地面中心位置量至天线边缘的斜距，如图6-2所示。

（3）启动仪器

1）在接受控制面板上打开电源开关。

2）进入手动模式，首先进入“设置”。分别按以下参数进行设置：采样间隔10s，高度截止角20°，采点次数3次。确定返回观测界面。注意：同一轮的各小组，保证参数一致。

3）观察控制面板上的数据，当接收机进入3D模式，并且保证PDOP满足控制网的等级要求时，请按下〈F3〉键“采集”进入文件名输入界面，输入完文件名、时段号、天线高后，按〈F4〉键“确定”，接收机就开始记录数据。

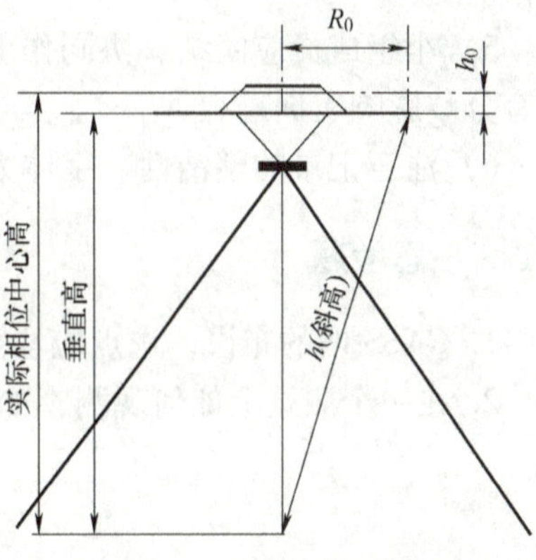

图6-2　斜高 h 示意图

4）注意：文件名按照：“组长姓名首字母”-“地点”。例如组长万元，选点在学院广场，则文件名为“wy-gc”。

5）观测过程中，随时观察接收机状态，如果有单台接收机GNSS信号失锁，则全网各组接收机延长观测时间，补足中间失锁的时间。

6）保证各组同步观测时间达到一个时段，则停止记录，关闭电源。将观测过程记入表6-1中。

3. 南方GNSS接收机使用注意事项

用户在使用南方GNSS接收机的时候，要注意以下的事项，以免不当的操作而造成不必要的错误：

1）必须严格按照操作手册进行接线和操作，以保证能够获得符合要求的成果。

例如选点时按规程规定，避开树荫、建筑物、构筑物等，同时 GNSS 接收机使用时应避开强电磁场的干扰，如离开电视电信发射塔 300m、高压线 50m 以上、电动机、对讲机（尤其是移动电话）等。

2）不应在电压低的情况下（电源指示灯为红色）长时间工作，否则数据的质量会受到影响。

3）搬运主机时，要十分小心。开箱前轻轻放好箱子，让仪器箱的盖子朝上，打开箱子的锁栓。

4）GNSS 接收机应存放在干燥、安全的地方，避免受潮及碰撞。

5）应保证接收机每三个月使用一次以上，否则 GNSS 接收机内存储的数据将有可能丢失，这样下次定位就需要较长的时间初始化各种有关参数。

6.1.7 注意事项

1）实训前要复习课本上有关内容，了解实训的内容及要求。

2）严格遵守测量仪器的使用规则。

3）作业中提高安全意识，防范人身和仪器事故发生。要注意汽车、人流的通行。观测过程中，观测者不能随意离开仪器。注意人身安全。

4）严格执行规范要求，超限必须重测，不得随意更改原始数据，保证数据的真实性。

5）小组成员应团结、协同作业、互相配合，注意协调，保证同步观测时间，不得因有分歧影响实训进程。

6）注意记录的整洁性、字体大小适中、清晰美观。

6.1.8 思考题

1. GNSS 网的布设，选点应注意哪些事项？
2. 在一个测站上如何观测？如果其中一个小组观测模式变成 2D 怎么办？

表6-1　GNSS静态定位观测记录表

<table>
<tr><td>点号</td><td></td><td colspan="2">图幅编号</td><td colspan="2"></td></tr>
<tr><td>观测记录员</td><td></td><td>日期段号</td><td></td><td>观测日期</td><td></td></tr>
<tr><td>接收机名称及编号</td><td></td><td>天线类型
及其编号</td><td></td><td>存储介质编
号数据文件名</td><td></td></tr>
<tr><td>温度计类型及编号</td><td></td><td>气压计类型
及编号</td><td></td><td>备份存储介质编号</td><td></td></tr>
<tr><td>近似纬度</td><td>°　′　″N</td><td>近似经度</td><td>°　′　″E</td><td>近似高程</td><td></td></tr>
<tr><td>采样间隔</td><td>s</td><td>开始时间</td><td>h　min</td><td>结束时间</td><td>h　min</td></tr>
<tr><td>天线高测定</td><td></td><td>天线高测定
方法及略图</td><td>点位略图</td><td></td><td></td></tr>
<tr><td colspan="2">测前：__________ m
测后：__________ m
平均值：__________ m</td><td colspan="2"></td><td colspan="2"></td></tr>
</table>

<table>
<tr><td rowspan="2">时间（UTC）</td><td rowspan="2">跟踪卫星号
（PRN）信噪比</td><td>纬度</td><td>经度</td><td rowspan="2">大地高</td><td rowspan="2">PDOP</td></tr>
<tr><td>（°）（′）（″）</td><td>（°）（′）（″）</td></tr>
<tr><td></td><td></td><td></td><td></td><td></td><td></td></tr>
<tr><td></td><td></td><td></td><td></td><td></td><td></td></tr>
<tr><td></td><td></td><td></td><td></td><td></td><td></td></tr>
<tr><td></td><td></td><td></td><td></td><td></td><td></td></tr>
<tr><td>记事</td><td colspan="5"></td></tr>
</table>

工作训练 6.2
GNSS 静态数据处理

6.2.1 知识目标

1）了解 GNSS 测量的基本原理和方法。
2）了解 GNSS 静态数据的下载方法。
3）了解 GNSS 静态数据处理方法与过程。

6.2.2 能力目标

1）能够将 GNSS 接收机中的静态观测数据下载到计算机中。
2）能够利用 GNSS 静态数据处理软件对一般 D 级 GNSS 控制网的外业观测数据进行处理。
3）能够根据数据处理报告判断 GNSS 控制网的数据质量。

6.2.3 训练内容

利用 GNSS 静态数据处理软件对一般 D 级 GNSS 控制网的外业观测数据进行处理。

6.2.4 训练器具

1）每组：南方 GNSS 接收机 1 套，数据传输数据线 1 根。
2）每人：计算机 1 台，GNSS 数据处理软件 1 套。

6.2.5 训练方法

先结合教材和多媒体资源，完成预习，再根据老师讲解、示范进行实操训练。

6.2.6 训练指导

GNSS 静态数据处理过程与要点如下：
1）将 GNSS 接收机与计算机进行连接，将 GNSS 中的原始观测数据下载到计算机中。
2）外业输入数据的检查与修改。在读入 GNSS 观测数据后，就需要对观测数据进行必要的检查，检查的项目包括：测站名、点号、测站坐标、天线高等。对这些项目进行检查的目的是避免外业操作时的误操作。
3）设定基线解算的控制参数。基线解算的控制参数，用以确定数据处理软件采用何种处理方法来进行基线解算。设定基线解算的控制参数是基线解算时的一个非常重要

工作依据 6.3
GNSS 定位测量简介

6.3.1 GNSS 概述

全球导航卫星系统（GNSS）泛指所有的卫星导航系统，包括全球的、区域的和增强的，全球的如美国的GPS、俄罗斯的格洛纳斯（Glonass）系统、欧洲的伽利略（Galileo）系统、中国的北斗卫星导航系统，增强的如美国的WAAS（广域增强系统）、欧洲的EGNOS（欧洲静地导航重叠系统）和日本的MSAS（多功能运输卫星增强系统）等，还涵盖在建和以后要建设的其他卫星导航系统。GNSS系统是多系统、多层面、多模式的复杂组合系统。

全球导航卫星系统是利用人造卫星进行地面测量的定位系统。它具有速度快、精度高、不受天气限制、任何时候都能测量、不需要点间通视等优点。卫星定位系统都是通过接收在空间飞行的卫星发射的无线电信号来实现定位的。

6.3.2 GNSS 定位的基本原理

GNSS的定位原理就是利用空间分布的卫星以及卫星与地面点的距离交会得出地面点位置。

1. GNSS 系统构成

GNSS系统由空间卫星部分、地面监控部分和用户设备部分三部分组成，如图6-3所示。

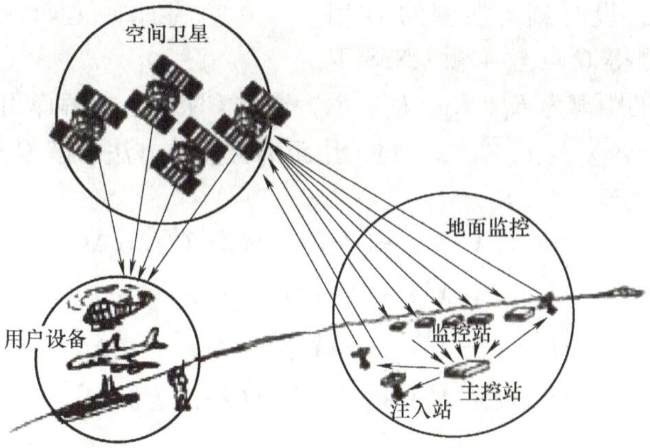

图 6-3　GNSS 系统主要构成

以 GPS 为例，其空间卫星部分、地面监控部分、用户设备部分介绍如下：

（1）空间卫星部分　GNSS 空间卫星部分由 21+3 颗卫星组成，21 颗正式的工作卫星+3 颗活动的备用卫星。分布在 6 个轨道面，每个轨道面有 4 颗卫星，平均轨道高度 20200km，轨道倾角 55°。可以保证在地球上任何地点，任何时间，在高度角大于 15°以上的天空同时能够观测到 4 颗以上的卫星。

（2）地面监控部分　监控部分包括 1 个主控站、3 个注入站和 5 个监控站。

主控站的任务是收集各检测站的数据，编制导航电文，监控卫星状态；通过注入站将卫星星历注入卫星，向卫星发送控制指令；卫星维护与异常情况的处理。监控站的任务是接收卫星数据，采集气象信息，并将所收集到的数据传送给主控站。注入站的任务是在每颗卫星运行到上空时，把卫星星历、轨道纠正信息和卫星钟差纠正信息等控制参数和指令注入卫星存储器。

（3）用户设备部分　用户设备部分由天线、主机、电源等相关设备组成。天线安放在整置于控制点的脚架上，接收卫星信号，在控制显示器上获得的是天线相位中心的三维坐标。有的接收机将天线与部分控制处理装置合在一起，成为传感器。用户设备的主要功能是接收卫星发射的信号和导航电文，根据导航电文提供的卫星位置和钟差信息计算接收机的位置。

2. GNSS 定位原理

GNSS 定位的基本原理是根据高速运动的卫星瞬间位置作为已知的起算数据，采用空间距离后方交会的方法，确定待测点的位置。设想在地面待定位置上安置 GNSS 接收机，同一时刻接收 4 颗以上 GNSS 卫星发射的信号。通过一定的方法测定这些卫星在此瞬间的位置以及它们分别至该接收机的距离，据此利用距离交会法结算出测站 P 的位置及接收机钟差 δt。

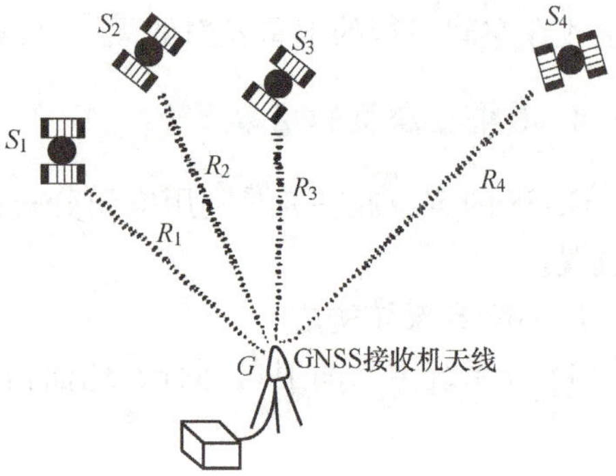

图 6-4　GNSS 定位原理

如图 6-4 所示，设时刻 t_i 在测站 G 用 GNSS 接收机同时测得 G 点至 4 颗 GNSS 卫星 S_1、S_2、S_3、S_4 的距离为 R_1、R_2、R_3、R_4，通过 GNSS 电文解译出 4 颗 GNSS 卫星的三维坐标（X^j，Y^j，Z^j）($j=1$，2，3，4)，用距离交会的方法求解 G 点的三维坐标（X，Y，Z）的观测方程为式 (6-1)。

$$\begin{cases} R_1^2=(X-X^1)^2+(Y-Y^1)^2+(Z-Z^1)^2+c\Delta t \\ R_2^2=(X-X^2)^2+(Y-Y^2)^2+(Z-Z^2)^2+c\Delta t \\ R_3^2=(X-X^3)^2+(Y-Y^3)^2+(Z-Z^3)^2+c\Delta t \\ R_4^2=(X-X^4)^2+(Y-Y^4)^2+(Z-Z^4)^2+c\Delta t \end{cases} \tag{6-1}$$

式中　c——光速；

Δt——接收机钟差。

6.3.3 GNSS定位的方法

1. 根据定位的模式分类

（1）绝对定位　绝对定位又称单点定位，即利用GNSS卫星和用户接收机之间的伪距观测值，确定测站点在WGS-84坐标系中的位置。这种定位模式的特点是单机作业，作业方式简单，精度较低。因此，绝对定位通常用于导航和精度要求不高的测量中。

（2）相对定位　相对定位又称差分定位，是利用两台或两台以上GNSS接收机，在不同的测站观测相同的GNSS卫星，从而确定两个测站之间的相对位置或基线向量，基线是用两点间的坐标增量表示的。这种方法是目前GNSS定位精度较高的一种，因此这种方法采用无码相位测量，即载波相位测量，因而被广泛使用。

2. 根据定位所采用的观测值分类

（1）伪距定位　伪距定位采用的观测值是GNSS伪距观测值。它既可以是C/A码伪距，也可以是P码伪距。伪距定位的优点是数据处理简单，缺点是定位精度较低，利用C/A码进行实时绝对定位，各坐标分量精度在5~10m之间，三维综合精度在15~30m之间，利用P码进行实时绝对定位，各坐标分量精度在1~3m之间，三维综合精度在3~6m之间。

（2）载波相位定位　载波相位定位采用的观测值为GNSS的载波相位观测值，即L_1、L_2或它们的某种线性组合。载波相对定位的优点是观测值的精度高，一般优于2mm；其缺点是数据处理过程复杂。

3. 根据获取定位结果的时间分类

（1）实时定位　实时定位是由观测数据实时地解算出接收机天线所在的位置的一种定位方法。

（2）非实时定位　非实时定位又称为后处理定位，它是通过观测数据事后处理来进行定位的方法。

4. 根据定位时接收机的运动状态分类

（1）静态定位　所谓静态定位，就是在进行GNSS定位时，接收机的天线始终处于静止状态。多台接收机在不同的测站上连续地同步观测相同的卫星，观测时间从几分钟、几小时甚至到数十小时不等，以获取充分的多余观测数据。测后，通过数据处理，求得测站的坐标或两测站间的坐标差。静态定位一般用于高精度的测量定位。而且观测时间越长，多余观测数越多，定位的精度相对提高。

（2）动态定位　动态定位就是在进行GNSS定位时，将一台接收机固定在已知点上作为基准站，另一台接收机在运行过程中实时定位。

在实际GNSS定位中，往往是几种定位方法的组合，比如采用伪观测值的动态实时定位，采用载波相位观测值的静态相对定位等。

6.3.4 GNSS测量的实施

GNSS测量常用的作业模式主要有静态定位、快速静态定位、准动态定位和动态定位等。

（1）静态定位模式　静态定位模式是指采用两台或两台以上的接收设备，分别安置在一条或数条基线的端点上，同步观测一组卫星，每时段长 45min 以上。这是 GNSS 定位测量应用范围最广、使用最普遍的一种模式，优点是定位精度高。

（2）快速静态定位模式　快速静态定位模式是指在测区中部选择一个基准站，并安置一台接收设备连续跟踪所有可见卫星；另一台接收机依次到各点流动设站，每点观测数分钟。其优点是作业速度快、精度高；但只有两台接收机，不能构成闭合图形，可靠性相对较低。

（3）准动态定位模式　准动态定位模式是指在测区选择一个基准点，安置一台接收机连续跟踪所有可见卫星；将另一台接收机先在 1 号点观测，在保持对所有卫星连续跟踪而不失锁的情况下，将流动接收机分别在 2，3，4，…，各点观测数秒钟。这种方法主要用于工程定位、线路测量、碎部测量等。

（4）动态定位模式　动态定位模式是指建立一个基准点安置接收机连续跟踪所有可见卫星，流动接收机先在出发点上静态观测数分钟，然后流动接收机从出发点开始连续运动，按指定的时间间隔自动测定运动载体的实时位置。此方法主要用于测定运动目标的轨迹、线路的中桩和边桩测量、碎部测量等。

6.3.5 北斗卫星导航系统简介

北斗卫星导航系统（Beidou Satellite Navigation System）是我国自主发展、独立运行的全球卫星导航系统。系统建设目标是：建成独立自主、开放兼容、技术先进、稳定可靠的覆盖全球的北斗卫星导航系统，促进卫星导航产业链形成，形成完善的国家卫星导航应用产业支撑、推广和保障体系，推动卫星导航在国民经济社会各行业的广泛应用。

北斗卫星导航系统由空间段、地面段和用户段三部分组成，空间段包括 5 颗静止轨道卫星和 30 颗非静止轨道卫星，地面段包括主控站、注入站和监测站等若干个地面站，用户段包括北斗用户终端以及与其他卫星导航系统兼容的终端。

北斗卫星导航系统的建设与发展，以应用推广和产业发展为根本目标，不仅要建成系统，更要用好系统，强调质量、安全、应用、效益，遵循以下建设原则：

1. 开放性

北斗卫星导航系统的建设、发展和应用将对全世界开放，为全球用户提供高质量的免费服务，积极与世界各国开展广泛而深入的交流与合作，促进各卫星导航系统间的兼容与互操作，推动卫星导航技术与产业的发展。

2. 自主性

北斗卫星导航系统是我国自主建设和运行的 GNSS 系统，北斗卫星导航系统可独立为全球用户提供服务。

3. 兼容性

在全球卫星导航系统国际委员会（ICG）和国际电联（ITU）框架下，使北斗卫星导航系统与世界各卫星导航系统实现兼容与互操作，使所有用户都能享受到卫星导航发展的成果。

4. 渐进性

我国将积极稳妥地推进北斗卫星导航系统的建设与发展，不断完善服务质量，并实现各阶段的无缝衔接。

根据系统建设总体规划，2012年左右，系统将首先具备覆盖亚太地区的定位、导航和授时以及短报文通信服务能力；2020年5月随着最后一颗北斗卫星入轨，我国已建成了覆盖全球的北斗卫星导航系统。

北斗卫星导航系统致力于向全球用户提供高质量的定位、导航和授时服务，包括开放服务和授权服务两种方式。如图6-5所示，开放服务是向全球免费提供定位、测速和授时服务，定位精度10m，测速精度0.2m/s，授时精度10ns。授权服务是为有高精度、高可靠卫星导航需求的用户，提供定位、测速、授时和通信服务以及系统完好性信息。为使北斗卫星导航系统更好地为全球服务，加强北斗卫星导航系统与其他卫星导航系统之间的兼容与互操作，促进卫星定位、导航、授时服务的全面应用，中国愿意与其他国家合作，共同发展卫星导航事业。

图6-5　北斗卫星导航

6.3.6 GNSS数据处理

1. 基线解算

（1）观测值的处理　GNSS基线向量表示测站与测站间的坐标增量。GNSS基线向量具有长度、水平方位和竖直方位等三项属性。

若在某一历元中，对k颗卫星数进行了同步观测，则可以得到$k-1$个双差观测值；若在整个同步观测时段内同步观测卫星的总数为l，则整周未知数的数量为$l-1$。

基线解算时一般只有两类参数，一类是测站的坐标参数$\underset{3,1}{X_C}$，数量为3；另一类是整周未知数参数$\underset{m-1,1}{X_N}$（m为同步观测的卫星数），数量为$m-1$。

（2）基线的解算

1）初始平差。根据双差观测值的观测方程，组成误差方程后，再组成法方程，然后求解待定的未知参数的精度信息，其结果为

待定参数：

$$\hat{\boldsymbol{X}}=\begin{bmatrix}\hat{X}_C\\ \hat{X}_N\end{bmatrix}$$

待定参数的协因数阵：

$$\boldsymbol{Q}=\begin{bmatrix}Q_{\hat{X}_C\hat{X}_C} & Q_{\hat{X}_C\hat{X}_N}\\ Q_{\hat{X}_N\hat{X}_C} & Q_{\hat{X}_N\hat{X}_N}\end{bmatrix}$$

通过初始平差，所解算出的整周未知数参数X_N本应为整数。由于观测值误差、随机模型和函数模型不完善等原因，使得其结果为实数，此时与实数的整周未知数参数对应的基线解被称作基线向量的实数解或浮动解。

为了获得较好的基线解算结果，必须准确地确定出整周未知数的整数值。

2）整周未知数的确定。

3）确定基线向量的固定解。当确定了整周未知数的整数值后，与之相对应的基线向量就是基线向量的整数解。

2. 基线解算的分类

（1）单基线解算

1）定义。用 m 台 GNSS 接收机进行一个时段的同步观测，每两台接收机之间就可以形成一条基线向量，共有 $m(m-1)/2$ 条同步观测基线，其中可以选出相互独立的 $m-1$ 条同步观测基线。选择独立基线时，要保证所选的 $m-1$ 条独立基线不构成闭合环就可以了。

单基线解算：在基线解算时不顾及同步观测基线间的误差相关性，对每条基线单独进行解算。

2）特点。

① 单基线解算的算法简单。

② 由于其解算结果无法反映同步基线间的误差相关的特性，不利于后面的 GNSS 网平差处理。

③ 一般只用在较低级别 GNSS 网的测量中。

（2）多基线解算

1）定义。多基线解算顾及了同步观测基线间的误差相关性，在基线解算时对所有同步观测的独立基线一并解算。

2）特点。多基线解算在理论上是严密的。

3. 基线解算的质量控制

（1）质量控制指标

1）单位权方差因子 $\hat{\sigma}_0$：

$$\hat{\sigma}_0=\sqrt{\frac{\boldsymbol{V}^{\mathrm{T}}\boldsymbol{P}\boldsymbol{V}}{f}}$$

式中 $\boldsymbol{V}$——观测值的残差；

$\boldsymbol{P}$——观测值的权；

f——自由度。

2）实质。单位权方差因子又称为参考因子。

（2）数据删除率

1）定义。在基线解算时，如果观测值的改正数大于某一个阈值，则认为该观测值含有粗差，需要将其删除。被删除观测值的数量与观测值的总数的比值，就是所谓的数据删除率。

2）实质。数据删除率从某一方面反映出了 GNSS 原始观测值的质量。数据删除率越高，说明观测值的质量越差。

（3）RATIO 值

1）定义。

$$\mathrm{RATIO}=\mathrm{RMS}_{次最小}/\mathrm{RMS}_{最小}$$

$$\text{RATIO} \geqslant 1.0$$

2）实质。RATIO反映了所确定出的整周未知数参数的可靠性，这一指标取决于多种因素，既与观测值的质量有关，也与观测条件的好坏有关。

（4）RDOP

1）定义。RDOP值指的是在基线解算时待定参数的协因数阵的迹 $\text{tr}(Q)$ 的平方根，即 $\text{RDOP}=[\text{tr}(Q)]^{1/2}$。RDOP值的大小与基线位置和卫星在空间中的几何分布及运行轨迹（即观测条件）有关，当基线位置确定后，RDOP值就只与观测条件有关，而观测条件又是时间的函数，因此，实际上对于某条基线向量来讲，其RDOP值的大小与观测时间段有关。

2）实质。RDOP表明了GNSS卫星的状态对相对定位的影响，即取决于观测条件的好坏，它不受观测值质量好坏的影响。

（5）RMS

1）定义。RMS即均方根误差（Root Mean Square），即

$$\text{RMS}=\sqrt{\frac{\boldsymbol{V}^{\mathrm{T}}\boldsymbol{V}}{n-1}}$$

式中　$\boldsymbol{V}$——观测值的残差；

n——观测值的总数。

2）实质。RMS表明观测值的质量，观测值质量越好，RMS越小，反之，观测值质量越差，则RMS越大。它不受观测条件（观测期间卫星分布图形）好坏的影响。

依照数理统计的理论，观测值误差落在1.96倍RMS的范围内的概率是95%。

（6）同步环闭合差　同步环闭合差是由同步观测基线所组成的闭合环的闭合差。

1）如果同步环闭合差超限，则说明组成同步环的基线中至少存在一条基线向量是错误的。

2）如果同步环闭合差没有超限，还不能说明组成同步环的所有基线在质量上均合格。

（7）异步环闭合差　不是完全由同步观测基线所组成的闭合环称为异步环，异步环的闭合差称为异步环闭合差。

1）当异步环闭合差满足限差要求时，则表明组成异步环的基线向量的质量是合格的。

2）当异步环闭合差不满足限差要求时，则表明组成异步环的基线向量中至少有一条基线向量的质量不合格。要确定出哪些基线向量的质量不合格，可以通过多个相邻的异步环或重复基线来进行。

（8）重复基线较差　不同观测时段，对同一条基线的观测结果，就是所谓的重复基线。这些观测结果之间的差异，就是重复基线较差。

4. GNSS网平差

（1）GNSS网平差的分类　根据平差所进行的坐标空间，可将平差分为三维平差和二维平差；根据平差时所采用的观测值和起算数据的数量和类型，可将平差分为无约束平差、约束平差和联合平差等。

1）三维平差与二维平差。

① 三维平差：平差在三维空间坐标系中进行，观测值为三维空间中的观测值，解算

出的结果为点的三维空间坐标。

② 二维平差：平差在二维平面坐标系中进行，观测值为二维观测值，解算出的结果为点的二维平面坐标。二维平差一般适合于小范围 GNSS 网的平差。

2）无约束平差、约束平差和联合平差。

① 无约束平差：在平差时不引入会造成 GNSS 网产生由非观测量所引起的变形的外部起算数据。常见的 GNSS 网的无约束平差，一般是在平差时没有起算数据或没有多余的起算数据。

② 约束平差：平差时所采用的观测值完全是 GNSS 观测值（即 GNSS 基线向量），而且，在平差时引入了使得 GNSS 网产生由非观测量所引起的变形的外部起算数据。

③ 联合平差：平差时所采用的观测值除了 GNSS 观测值以外，还采用了地面常规观测值，这些地面常规观测值包括边长、方向、角度等。

（2）平差过程

1）取基线向量，构建 GNSS 网。提取基线向量时需要遵循以下几项原则：

① 必须选取相互独立的基线，若选取了不相互独立的基线，则平差结果会与真实的情况不相符合。

② 所选取的基线应构成闭合的几何图形。

③ 选取质量好的基线向量，基线质量的好坏，可以依据 RMS、RDOP、RATIO、同步环闭合差、异步环闭合差和重复基线较差来判定。

④ 选取能构成边数较少的异步环的基线向量。

⑤ 选取边长较短的基线向量。

2）三维无约束平差。在构成了 GNSS 网后，需要进行 GNSS 网的三维无约束平差，通过无约束平差主要达到以下几个目的：

① 根据无约束平差的结果，判别在所构成的 GNSS 网中是否有粗差基线，如发现含有粗差的基线，需要进行相应的处理，必须使得最后用于构网的所有基线向量均满足质量要求。

② 调整各基线向量观测值的权，使得它们相互匹配。

3）约束平差/联合平差。约束平差的具体步骤是：

① 指定进行平差的基准和坐标系统。

② 指定起算数据。

③ 检验约束条件的质量。

④ 进行平差解算。

（3）质量分析与控制

1）根据基线向量的改正数的大小，可以判断出基线向量中是否含有粗差。

2）发现构成 GNSS 网的基线中含有粗差，则需要采用删除含有粗差的基线、重新对含有粗差的基线进行解算或重测含有粗差的基线等方法加以解决。

3）发现个别起算数据有质量问题，则应该放弃有质量问题的起算数据。

5. GNSS 数据处理过程

（1）原始观测数据的读入

（2）外业输入数据的检查与修改　在读入了 GNSS 观测值数据后，就需要对观测数据进行必要的检查，检查的项目包括：测站名、点号、测站坐标、天线高等。对这些项目进行检查的目的是避免外业操作时的误操作。

（3）设定基线解算的控制参数　基线解算的控制参数，用以确定数据处理软件采用何种处理方法来进行基线解算。设定基线解算的控制参数是基线解算时的一个非常重要的环节。通过控制参数的设定可以实现基线的优化处理。

控制参数在“基线解算设置”中进行设置，主要包括“数据采样间隔”“截止角”“参考卫星”及其电离层和解算模型的设置等。

（4）基线解算　基线解算的过程一般由基线解算软件自动进行的，无需人工干预。

（5）基线质量的检验　基线的质量检验需要通过RMS、RDOP、RATIO、同步环闭合差、异步环闭合差和重复基线较差来进行。

（6）平差　进行精度评定，得到各测站平差后坐标。

（7）成果转化　根据实际生产需要，转化为当地坐标。

工作自测 6.4

自主学习任务单

自测 6.4.1 GNSS 控制网的外业静态数据采集

1. 任务	在指定位置按D级GNSS控制网的要求完成控制点的静态数据采集，如图所示 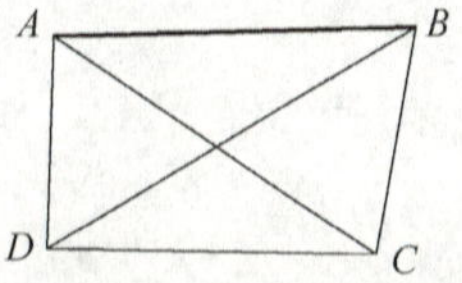
2. 任务说明	在120min之内，完成由两个时段四个点组成的D级GNSS控制网的静态数据采集工作 1）4人一组，每人一台GNNS接收机，独立完成一个点静态数据采集，4人共同完成GNSS控制网的静态数据采集 2）每人必须按规定时间到达指定点位，注意同步开关机时间 3）从4人全部到达指定控制点开始计时
3. 仪器、设备、场地	1）GNSS接收机4套（包括脚架、基座），小钢卷尺4个，记录板1块，2H或3H铅笔2支，观测记录表2张 2）在学院周边2.5km范围选择控制点

序号	项目名称	质量要求	评分细则	得分
1	不合格成果 （0分）	满足规范要求	1）原始观测记录用橡皮擦 2）控制网的平均边长不足2km 3）同步观测时间不足或观测时段不足2时段 4）采集的静态数据不合格，不能进行基线解算	
2	仪器的安置 （10分）	对中在小圈内， 气泡偏离不超过1格	1min以内不扣分，超过1min，扣1分/10s，扣完为止	
3	数据采集 （40分）	按规范要求操作	下列情形出现一次扣5分： 1）选择的GNSS控制点位置不符合要求的 2）未按规定量取天线高的 3）没有及时汇报接收机状态的 4）观测手簿记录不全的	
4	数据的下载 （20分）	正确无误下载数据	不能独立正确地下载数据的扣10分	
5	效率（速度） （30分）	快速、高效完成	120min内完成数据采集并下载数据不扣分，超过120min，扣2分/min，扣完为止	
总计得分				
小组成员：				

自测6.4.2 基线解算及GNSS控制网平差

1. 学习任务

1）了解基线解算过程及GNSS控制网平差步骤

2）掌握南方地理数据处理平台软件SGO使用方法

3）掌握南方GNSS数据处理软件解算基线及控制网平差的步骤及数据处理报告的输出方法

任务	自测标准		学习建议
南方地理数据处理平台软件SGO使用	□	1）能够正确地安装南方地理数据处理平台软件SGO	1）通过训练指导、相关知识以及相关课件、教材学习 2）先按照软件说明书及软件界面将软件提供的GNSS静态示例数据进行基线解算与控制网二维约束平差，学会后再处理本组的GNSS控制网平差计算 3）两人一组互相检测，完成实训任务
	□	2）新建工程及工程设置与坐标系统设置	
	□	3）导入GNSS观测数据	
	□	4）查看测站数据，更改点名、天线高	
	□	5）三维平差	
	□	6）导入控制点	
	□	7）二维约束平差	
	□	8）查看平差报告	
	□	9）平差报告输出	

2. 学习笔记

1）GNSS基线解算过程及GNSS控制网平差步骤是怎样的？

2）南方地理数据处理平台软件SGO与GNSS数据处理软件在处理GNSS静态数据的方法有何异同？

工作任务 7

测角仪器的检验与校正

任务目标

1）了解《工程测量标准》（GB 50026—2020）有关测角仪器的检验内容与校正方法。

2）掌握经纬仪的检验和校正方法。

3）具有检验经纬仪的能力。

素质目标

1）树立“精益求精”的工匠精神，吃苦耐劳的优良品德。

2）培养认真负责、严于律己、吃苦耐劳的精神。

3）培养谦虚谨慎、团结协作的精神，形成良好的团队协作能力，能与其他人协调合作，共同完成测量工作。

工作任务

1）对经纬仪进行检验与校正。

2）检验经纬仪照准部旋转是否正确。

3）测定光学经纬仪水平轴不垂直于竖轴之差。

工作训练 7.1

经纬仪检验与校正

7.1.1 知识目标

1）了解《工程测量标准》（GB 50026—2020）有关测角仪器的检验内容与校正方法。
2）掌握经纬仪的检验和校正方法。
3）掌握校正经纬仪的具体步骤。

7.1.2 能力目标

1）能够对经纬仪进行检验和校正。
2）具有判断仪器好坏的能力。

7.1.3 训练内容

对经纬仪进行检验和校正。

7.1.4 训练器具

经纬仪 1 台，木质三脚架 1 副，校正针 1 根，自备 3H 铅笔、记录板、记录表等。

7.1.5 训练方法

先结合教材和多媒体资源，完成预习，再根据老师讲解、示范进行实操训练。

7.1.6 训练指导

1. 水准管轴应垂直于仪器竖轴的检验与校正

（1）检验方法　安置仪器，转动照准部使水准管平行于一对脚螺旋，使气泡居中。在将仪器绕竖轴转动 180°，如气泡仍然居中，则条件满足；否则，条件不满足，应校正。水准管轴垂直于竖直的检验记录记入见表 7-1。

（2）校正方法　转动两个脚螺旋，使气泡向中央移动偏离的一半。然后再用校正针拨动水准管一端的校正螺丝的另一半；使气泡居中。此项检验、校正应反复进行，直到满足条件为止。

表 7-1　水准管轴垂直于竖轴的检验记录

检验（照准部转 180°）次数	1	2	3	4	5
气泡偏离格数					

2. 视准轴应垂直于横轴（水平轴）的检验与校正

（1）检验方法　将经纬仪安置水平后，盘左位置使望远镜视线大致水平瞄准远处墙上一点，设水平度盘读数为 L_1，再盘右仍然瞄准该点，设读数为 R_1，计算视准轴误差 C 值，若 C 值在规定范围内（30″），则不校正，否则，应校正。视准轴应垂直于横轴（水平轴）的检验、校正记录见表7-2。

（2）校正方法　计算盘右（盘左）照准该点的正确读数，照准该点并转动微动螺旋使水平度盘读数为正确值，这时望远镜十字丝没有精确照准该点。打开望远镜十字丝护罩，用校正针校正十字丝的校正螺丝，使十字丝精确照准该点。此项检验、校正应反复进行，直到满足条件为止。

表7-2　视准轴应垂直于横轴（水平轴）的检验、校正记录

观测类型	水平度盘读数		视准轴误差	备注
	盘左	盘右		
检验观测				
校正后校核观测				
公式	$2C=R-L-180°$			

3. 横轴应垂直于仪器竖轴的检验与校正

（1）检验方法　将仪器整平后，用盘左位置照准距仪器20~30m墙上高处一点 P，将望远镜向下转到大致水平位置，在墙上标出十字丝的照准位置 P_1。再盘右照准高处 P 点，将望远镜向下转到大致水平位置，再在墙上标出一点 P_2，如果 P_1、P_2 重合，说明此项条件满足，否则需要校正。

（2）校正方法　此项校正由专业人员校正。水平轴垂直于竖轴的检验记录见表7-3。

表7-3　水平轴垂直于竖轴的检验记录

检验次数	P_1、P_2 两点的距离
1	
2	

4. 竖盘指标差的检验与校正

（1）检验方法　经纬仪，盘左，转动竖盘指标水准管移动螺旋，使气泡居中，读出竖直度盘读数，记入手簿中。盘右，操作方法同盘左。计算指标差 x，若指标差在规定范围内，则不校正（即1′以内不校正）；否则，需校正。指标差检验、校正记录见表7-4。

表7-4　指标差检验、校正记录

观测类型	水平度盘读数		指标差	备注
	盘左	盘右		
检验观测				
校正后校核观测				
公式	$x=(L+R-360°)/2$			

（2）校正方法　计算出盘左（盘右）正确读数，瞄准该点，利用指标水准器微动螺旋使竖盘读数为正确读数，这时气泡不居中。用校正针拨动校正螺丝，使气泡居中。此项检验、校正应反复进行，直到满足条件为止。

7.1.7 注意事项

1）实训前要复习课本上有关内容，了解实训的内容及要求。

2）严格遵守测量仪器的使用规则。

3）检验、校正按顺序进行，不能颠倒。

4）检验、校正应反复进行，直到满足条件为止。

5）校正时，应先松后紧，松多少紧多少；不可操之过急，以免损坏仪器。

工作训练 7.2

检验经纬仪照准部旋转是否正确

7.2.1 知识目标

1）进一步了解经纬仪的结构。

2）了解经纬仪照准部旋转是否正确的检验方法。

3）了解经纬仪照准部旋转是否正确的具体检验步骤。

7.2.2 能力目标

1）能够对所使用的经纬仪进行照准部旋转是否正确的检验。

2）能对检验数据进行记录、计算，并能够对检验数据进行评价。

7.2.3 训练内容

对所使用的经纬仪进行照准部旋转是否正确的检验。

7.2.4 训练器具

J_2 经纬仪 1 台，木质三脚架 1 副，自备 3H 铅笔、小刀、小三角板或直尺、记录表格等。

7.2.5 训练方法

先结合教材和多媒体资源，完成预习，再根据老师讲解、示范进行实操训练。

7.2.6 训练指导

1）弄清如何读取水准管气泡的两端读数，记录者要熟悉记录表格的记录格式。

2）检验方法

① 整置仪器，使竖轴垂直，读记照准部水准管气泡两端读数或中间位置读数。

② 顺时针方向旋转照准部，每旋转照准部 45°，读记水准管气泡一次，连续顺转 3 周；每一周要测 3 个照准部位置。记入表 7-5 相应的单元格中。

③ 逆时针方向旋转照准部，每旋转照准部 45°，读记水准管气泡一次，也就是连续逆转三周。同样，记入表 7-5 相应的单元格中。

④ 判断检验结果。若照准部旋转正确，各位置气泡读数互差，对 J_2 型仪器不得超过 1 格（按气泡两端读数的和比较为 2 格）。若气泡读数变化较大，超出上述限差，并以照准部旋转两周为周期而变化，则照准部旋转不正确，应进行检修。

检验记录式样见表7-6。

表7-6　照准部旋转是否正确的检验记录式样

照准部位置	气泡读数			照准部位置	气泡读数		
	左	右	和或中数		左	右	和或中数
(°)	(格)	(格)	(格)	(°)	(格)	(格)	(格)
顺转第一周							
0	06.8	13.3	20.1	180	07.0	13.4	20.4
45	07.0	13.4	20.4	225	06.9	13.3	20.2
90	06.9	13.3	20.2	270	07.0	13.4	20.4
135	07.0	13.3	20.3	315	07.1	13.5	20.6
顺转第二周							
顺转第三周							
逆转第一周							
315	07.2	13.2	20.4	135	06.8	13.1	19.9
270	07.1	13.5	20.6	90	06.9	13.2	20.1
225	06.9	13.3	20.2	45	07.1	13.5	20.6
180	06.8	13.2	20.0	0	07.0	13.5	20.5
逆转第二周							
逆转第三周							

7.2.7 注意事项

1）实训前要复习课本上有关内容，了解实训的内容及要求。

2）严格遵守测量仪器的使用规则。

3）检验过程中要让照准部旋转45°，而不能转动度盘变换手轮使度盘转45°。

4）对水准管气泡两端读数要等气泡稳定后读取，因为对于J_2型仪器气泡灵敏度较高，当照准部旋转时，气泡也随之移动。

5）此项检验若是将仪器置于三脚架上进行，那么三脚架一定要非常稳固坚实，不得有任何晃动，否则检验是无效的。

7.2.8 思考题

1. 什么叫照准部旋转正确？它对测角带来怎样的影响？
2. 通过实训仔细观察照准部旋转呈什么变化。

表 7-5　照准部旋转是否正确的检验记录

照准部位置	气泡读数			照准部位置	气泡读数		
	左	右	和或中数		左	右	和或中数
(°)	(格)	(格)	(格)	(°)	(格)	(格)	(格)
顺转第一周							
0				180			
45				225			
90				270			
135				315			
顺转第二周							
0				180			
45				225			
90				270			
135				315			
顺转第三周							
0				180			
45				225			
90				270			
135				315			
逆转第一周							
315				135			
270				90			
225				45			
180				0			
135							
90							
45							
0							
逆转第二周							
315				135			
270				90			
225				45			
180				0			
逆转第三周							
315				135			
270				90			
225				45			
180				0			
最大变动____格，中心位置变化____格							

工作训练 7.3

测定光学经纬仪水平轴不垂直于竖轴之差

7.3.1 知识目标

1）进一步了解经纬仪的结构。
2）掌握高低点法测定经纬仪水平轴不垂直于竖轴之差的操作程序。
3）掌握高低点法测定经纬仪水平轴不垂直于竖轴之差的检验方法。
4）掌握高低点法测定经纬仪水平轴不垂直于竖轴之差的检验数据的整理方法。

7.3.2 能力目标

1）能够对所使用的经纬仪进行水平轴不垂直于竖轴之差的测定。
2）能对检验数据进行记录、计算，并能够对检验数据进行评价。

7.3.3 训练内容

对所使用的经纬仪进行水平轴不垂直于竖轴之差的测定。

7.3.4 训练器具

J_2 经纬仪 1 台，木质三脚架 1 副，自备 3H 铅笔、小刀、小三角板或直尺、记录表格等。

7.3.5 训练方法

先结合教材和多媒体资源，完成预习，再根据老师讲解、示范进行实操训练。

7.3.6 训练指导

实训前要认真复习有关内容，弄清检验原理与方法。

弄清水平角和竖直角观测程序与记录格式，并记住各项限差规定。

实训内容如下：

1）设置目标：在距仪器 5m 以外的地方设置两个目标，一个为高点，一个为低点。两点应大致在同一铅垂线上，用仪器观测两点的竖直角的绝对值应不小于 3°，其绝对值应大致相等，其差值不得超过 30″（设置目标时，可用仪器指挥）。

2）测定方法。

① 观测高低两点的水平角 6 个测回，每测回间更换水平度盘和测微器，其值按下式计算：

$$\frac{180°}{m}+i+\frac{i}{2m}$$

式中　m——测回数（等于 6）；

i——度盘最小分格值（T_3 仪器，$i=4'$；J_2 仪器，$i=20'$）。

对于 J_2 型仪器，每测回更换水平度盘和测微器，其值计算为

$$\frac{180°}{m}+\frac{i}{2}+\frac{i}{2m}$$

观测限差：$2C$ 变化按高、低点方向分别比较，在整个测定中，其变化值不得超过 6″；各测回角度值互差应小于 3″。对超出限差的测回须重测。

高、低点水平角的测定记录见表 7-7。

② 观测高、低点的竖直角 $\alpha_{高}$ 和 $\alpha_{低}$，用中丝法测 3 个测回。竖直角和指标差互差均不超过 10″，超限测回应重测。

高、低点竖直角的测定记录见表 7-8。

③ 最后结果计算。水平轴不垂直于竖轴之差值：

$$i=\frac{1}{2}(C_{高}-C_{低})\cot\alpha$$

式中：$C_{高}=\frac{1}{2n}\sum_{1}^{n}(L-R)_{高}$，$C_{低}=\frac{1}{2n}\sum_{1}^{n}(L-R)_{低}$，$\alpha=\frac{1}{2}(\alpha_{高}-\alpha_{低})$。

限差：i 的绝对值，对于 J_1 型仪器不应超过 10″，对于 J_2 型仪器不应超过 15″。

7.3.7 注意事项

1）实训前要复习课本上有关内容，了解实训的内容及要求。

2）严格遵守测量仪器的使用规则。

3）实训前准备好几个检验用的标志，即在一张小白纸上画一个“十”字交叉线为一个目标。

4）在检验前应弄清原理，操作次序和方法，各项限差的意义和标准。

5）每项观测每人均应至少操作一次，合格的水平角观测 2 个测回，竖直角观测 1 个测回，每人计算一份成果。

6）晴天选择在阴处进行作业。

7.3.8 思考题

1. 设置目标时，为什么要使高点的高度角在 3°以上？为什么要求高低两点尽可能在同一铅垂线上？

2. 此项检定中，要使高点的高度角在 3°以上，用 T_3 经纬仪测设此高点标志时，竖盘应如何配置？试绘图说明。

3. 顾及仪器指标差来安置高、低点标志时，竖盘应如何配置？

4. 为什么 $2C$ 变化要按高、低点方向分别来比较？为什么 $2C$ 变化值的要求偏高？

表 7-7　高、低两点间水平角的测定记录

仪器编号__________　观测者__________　记录者__________　日期__________

度盘位置	照准点	读数				2C（左-右±180°）	$\frac{1}{2}$［左+（右±180°）］	水平角
		盘左（L）		盘右（R）				
		（°）（′）（″）	（″）	（°）（′）（″）	（″）	（″）	（°）（′）（″）	（°）（′）（″）
（顺）0°	1 高点							
	2 低点							
30°	1							
	2							
60°	1							
	2							
（逆）90°	1							
	2							
120°	1							
	2							
150°	1							
	2							

$C_{高}$ =　　　　　　　　$C_{低}$ =

表 7-8　高、低点竖直角的测定记录

仪器编号________　观测者________　记录者________　日期________

照准点	测回	读数				指标差	竖直角
		盘 左		盘 右			
		(°) (′) (″)	(″)	(°) (′) (″)	(″)	(″)	(°) (′) (″)
低点	Ⅰ						
	Ⅱ						
	Ⅲ						
中数							
高点	Ⅰ						
	Ⅱ						
	Ⅲ						
中数 $\alpha=$							

最后结果计算

水平轴不垂直于竖轴之差：

$$i=\frac{1}{2}(C_{高}-C_{低})\cot\alpha=$$

工作依据 7.4
经纬仪的检验

7.4.1 经纬仪的主要轴线及其应满足的几何条件

经纬仪是根据水平角和竖直角的测角原理制造的，当水准管气泡居中时，仪器旋转轴竖直、水平度盘水平，则要求水准管轴垂直竖轴。测水平角要求望远镜绕横轴旋转为一个竖直面，就必须保证视准轴垂直横轴。保证竖轴竖直时，横轴水平，则要求横轴垂直竖轴。照准目标使用竖丝，只有横轴水平时竖丝竖直，则要求十字丝竖丝垂直横轴。为使测角达到一定精度，仪器其他状态也应达到一定标准。综上所述，经纬仪应满足的基本几何关系如图 7-1 所示。

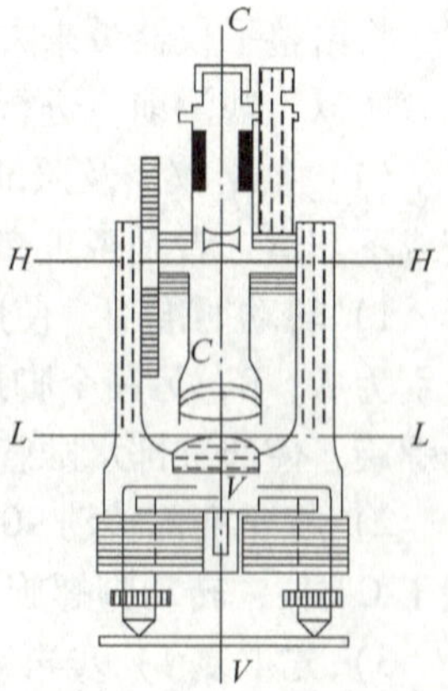

图 7-1　经纬仪轴线

1）照准部水准管轴应垂直于竖轴（$LL \perp VV$）。

2）十字丝竖丝应垂直于横轴。

3）视准轴应垂直于横轴（$CC \perp HH$）。

4）横轴应垂直于仪器竖轴（$HH \perp VV$）。

5）竖盘指标应处于正确位置。

6）光学对中器视准轴应该与仪器竖轴中心线重合。

上述这些条件在仪器出厂时一般都能满足，但仪器的设计和制造不论如何精细，各主要部件之间的关系也不可能完全满足理论要求。另外，在仪器使用过程中，由于振动、磨损和温度变化的影响，也会改变各部件之间的正确关系。因此，应在使用仪器之前，对仪器进行检验和校正或按施工规定送检。

7.4.2 经纬仪的几项调校

1. 各主要螺旋的检查与调整

将仪器取出，放置在脚架上，按规范要求对仪器进行一般性检视，然后对仪器的各主要螺旋进行检查和调整。

（1）脚螺旋的检视与调整　检查三个脚螺旋松紧是否适度，脚螺旋过松，仪器基座稳定性差，仪器照准部旋转时，可能使基座产生位移和偏转，给水平角观测结果带来系统误差；过紧，脚螺旋转动困难。当脚螺旋松紧度不合适时，可转动脚螺旋上的小调整螺旋，直到脚螺旋松紧合适为止。

另外，脚架上的螺钉也要检查，它们应是固紧的，不能稍有松动；否则，会使脚架松动，给观测带来影响。

（2）微动螺旋的检视与调整　微动螺旋（包括水平微动螺旋、竖直微动螺旋、指标水准器微动螺旋）是与弹簧共同起作用的。在使用微动螺旋的过程中，若微动螺旋旋入过多，使弹簧过分压缩，弹力过强；若旋入过少，弹簧过分伸张，弹力不足。这两种情况下，都容易产生“后效”作用，给观测带来误差影响。另外，对于旧仪器，其微动螺旋的弹簧由于长期的压缩和锈蚀，容易产生弹力不足问题，应注意检查其弹力，若弹力不足，应及时修理。

2. 照准部水准管轴与竖轴正交的检校

使经纬仪的竖轴与测站铅垂线一致，是获得垂直照准面和水平切面（水平面），从而测得水平角和竖直角的基本前提条件。使经纬仪的竖轴与测站铅垂线一致的过程，叫作整平仪器。整平仪器是借助于照准部水准器进行的。当照准部水准管轴与竖轴正交时，将给整平仪器带来方便。由于外界温度变化及振动等原因，二者的正交经常不能保持。所以，观测前应进行二者正交的检查和校正。检查和校正应在整平仪器后进行。

（1）整平仪器及照准部水准管轴与竖轴正交的检查　当照准部水准管轴与竖轴不正交或不知道二者是否正交时，整平仪器的方法是：

1）转动照准部，使照准部水准器与任意两个脚螺旋的连线平行（设这两个脚螺旋分别为 A、B，另一个脚螺旋为 C），并设竖直度盘位于 A 端，同时对向转动 A 和 B 两个脚螺旋，使照准部水准管气泡居中。

2）将照准部转动 90°，使照准部水准管与 A、B 两个脚螺旋的连线正交（竖直度盘置于 C 端），转动脚螺旋 C，使照准部水准管气泡居中。

3）先重复 1）步再重复 2）步的操作。

4）在 3）操作的基础上，将照准部旋转 180°（此时照准部水准器仍与 A、B 两个脚螺旋的连线正交，竖直度盘位于 C 脚螺旋的另一侧），这时若照准部水准管气泡仍位于刻划中心，说明照准部水准管轴与竖轴正交；否则，说明二者不正交，应转动脚螺旋 C，改正气泡偏离量的一半。

5）再将照准部旋转 90°（此时照准部水准器与 A、B 两个脚螺旋的连线平行，竖直度盘在 B 端），此时，若照准部水准管轴与竖轴正交，气泡不偏离刻划中心；否则，将偏离刻划中心，这时，可同时对向转动 A、B 两个脚螺旋，改正气泡偏移量的一半。

至此，仪器已被整置水平，仪器水平的标志是：不论仪器照准部转到什么位置，气泡偏离水准管刻划中心的格数及气泡在水准管上的位置保持不变。

（2）照准部水准管轴与竖轴正交的校正　经过上述的整平与正交检查，如果照准部水准管轴与竖轴不正交（即仪器整平后气泡仍不居中），如图 7-2 所示，应紧接着进行校正。由图 7-2 可以看出只要用改针改正照准部水准管一端的改正螺旋，使气泡居中，此时水准管轴即处在正确位置 $a'a$，与竖轴正交。

几种常用经纬仪的照准部水准器改正螺旋如图 7-3 所示。

3. 望远镜的调焦及视差的消除

望远镜是用来精确照准目标的。因此，目标在望远镜中的成像必须清晰，且成像于十字丝面上，为了达到这两个目的，观测之前，应转动望远镜的调焦环（或调焦螺旋），使目标清晰地成像于十字丝面上，这个过程叫作调焦，或叫对光。调焦的方法是：

1）将望远镜指向天空，转动望远镜目镜，直到十字丝十分清晰为止。

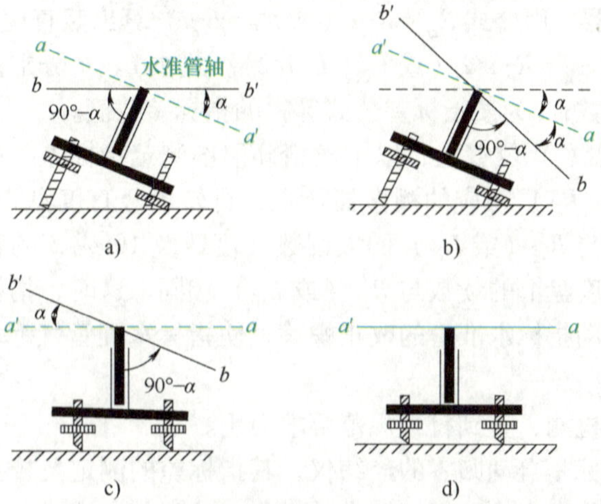

图 7-2　照准部水准管轴与竖轴不正交的校正

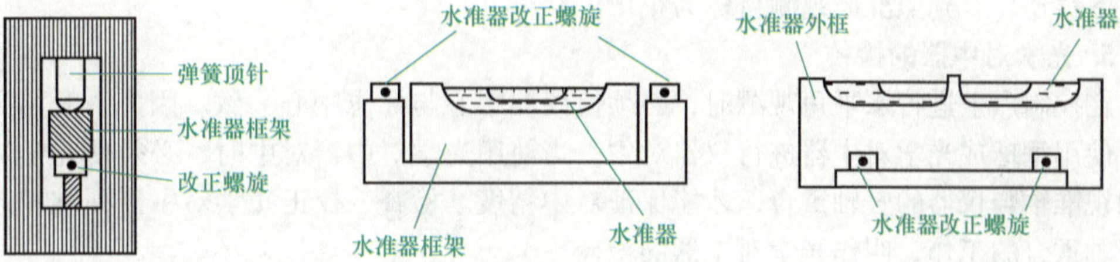

a) DJ_6经纬仪　b) DJ_2经纬仪　c) 蔡司010B经纬仪

图 7-3　常用经纬仪照准部水准器改正螺旋

2）选择一个距离适中的目标，将望远镜指向目标，转动望远镜的调焦环（或调焦螺旋），使目标在望远镜中的成像清晰为止。

4. 指标差的检查校正

由竖直角测定原理知道，竖直度盘指标水准器的气泡居中时，竖直度盘的读数指标与测站铅垂线垂直（或平行），并通过竖直度盘的分划中心，或者说，竖直度盘的读数指标线应垂直（或平行）于指标水准器轴。如果指标水准器的气泡居中时，竖直度盘的读数指标线的实际位置偏离正确位置一个角度 i，这个角度称为竖直度盘指标差。一般规定，当读数指标的实际位置使竖直度盘读数偏大时，i 为正；反之为负。

检查指标差的方法是：在盘左和盘右位置上用中丝照准同一目标，并在指标水准器气泡居中后，读出竖直度盘读数 L 和 R，用指标差计算公式：

$$i=\frac{L+R-360°}{2}\text{（}J_2\text{ 级仪器）}$$

或

$$i=L+R-180°\text{（}J_{07}\text{、}J_1\text{ 级仪器）}$$

计算出该仪器的指标差。如果指标差的绝对值超出规范规定的限值，应进行指标差校正。

校正指标差的基本方法：

1）对于 J_2 级仪器，用公式 $R_{正}=R-i$（或 $L_{正}=L-i$）算出竖直度盘的正确读数，对于 J_{07}、J_1 级仪器，则用 $R_{正}=R-i/2$（或 $L_{正}=L-i/2$）。式中 L、R 分别是测定指标差时的竖直度盘左、盘右的读数；i 为按指标差公式算得的指标差数值。

2）在盘右（或盘左）位置上，以中丝精确照准测定指标差时的原目标，转动测微器，配置出与 $R_{正}$（或 $L_{正}$）相应的测微器读数，再转动竖直度盘指标水准管微动螺旋，使竖直度盘上的读数与 $R_{正}$（或 $L_{正}$）的大读数（度数及 10′或 2′的整倍数）相同，也就是说，至此应使竖直度盘上的读数与 $R_{正}$（或 $L_{正}$）相同。这时，指标水准管的气泡将偏离其中央位置，可转动指标水准管的改正螺旋，使指标水准管气泡居中。至此，指标差的校正完成。

校正后，应进行检测，直到符合规范要求为止。

对于竖直度盘指标是自动归零的经纬仪，其指标差的测定与校正方法与上述方法基本相同，只是没有使指标水准器气泡居中的操作。校正的方法是：用测微器和竖直微动螺旋使竖直度盘读数为 $R_{正}$（或 $L_{正}$）。转动望远镜十字丝的改正螺旋，使十字丝水平中丝上下移动，直到照准原观测目标为止。

5. 光学对中器的检校

在控制点上进行水平角观测时，必须使仪器中心与标志中心一致。因此，开始观测前，使用垂球或光学对中器进行仪器对中。当使用光学对中器对中时，必须使光学对中器的视准轴与仪器的竖轴重合，才能保证对中精度。检查、校正光学对中器视准轴与仪器竖轴重合的工作，叫作光学对中器的检校。

有光学对中器的经纬仪，大致有两种类型：一种是经纬仪（如 SGJ_2 和蔡司 010B 经纬仪）的光学对中器安装在经纬仪的照准部上，与照准部一起转动；另一种是经纬仪（如威特 T_2）的光学对中器安装在仪器基座上，不和照准部一起转动。

现以蔡司 010B 和威特 T_2 经纬仪为例，说明两种不同情况的光学对中器检校方法。

（1）投影法　这种方法适用于光学对中器随照准部一起转动的经纬仪，检校的具体步骤如下：

1）置经纬仪于脚架上，将仪器整平。

2）在仪器下方地面上，平放一张白纸，固定仪器照准部，调整对中器目镜，直至对中器目镜中分划板上的圆圈清晰为止，然后，将对中器分划板圆圈中心标绘在白纸上，为第一位置 A_1。

3）转动仪器照准部 120°，并固定，按 2）的方法，将对中器分划板圆圈中心标绘在白纸上，为第二位置 A_2。

4）将仪器照准部再转动 120°，并固定，按上述方法在白纸上标绘出第三位置 A_3。

如果白纸上的三个投影点 A_1、A_2、A_3 重合，说明对中器视准轴与仪器竖轴一致；如果三点分离，则两轴不一致，需要进行对中器调校。

调校的方法是：将对中器目镜后面盖板上的四个螺旋取下，并将目镜管伸出至尽头，把盖板移出，可以看到目镜管的两个固定螺旋，将这两个固定螺旋松开，移动目镜管，使对中器分划板圆圈中心与 A_1、A_2、A_3 组成的三角形中心一致，固定目镜、固定螺旋。

再按上述方法检查对中器的对中精度，直到符合要求为止，即可固定对中器盖板。

（2）垂球调校　对于将对中器安装在基座上的经纬仪（如威特 T_2），其对中器的检校方法有两种：一种是在专用脚架上检校；另一种是用垂球进行检校。

使用专用脚架检校对中器的方法与上述投影法基本相同。

用垂球进行检校的方法是：将仪器整置在脚架上，精确整置仪器水平，挂上对中垂球，使垂球尖尽可能地接近平放在地面上的白纸。待垂球静止时，将垂球尖投影到白纸上，然后取下垂球。调好对中器目镜焦距，从目镜中观察白纸上记下的垂球尖的位置是否在对中器分划板圆圈中心。若在圆圈中心，则说明对中器的视准轴与竖轴一致；若不在圆圈中心，则需进行校正。

校正的方法是：用改针将对中器目镜后的三个改正螺旋都略微松开，再根据需要调整三个改正螺旋中的一个，使分划板圆圈中心与垂球尖的投影位置一致为止，这项改正需反复进行。最后，将改正螺旋固定。

6. 照准部水准管轴垂直于竖轴的检验与校正

检校目的：使水准管轴垂直于竖轴。

检验方法：

1）将仪器安置好后，使照准部水准管平行于一对脚螺旋的连线，调节脚螺旋，使水准管气泡居中。

2）将照准部旋转 180°看气泡是否居中，如果仍然居中，说明满足条件，无须校正，否则需要进行校正。

校正方法：

1）在检验的基础上调节脚螺旋，使气泡向中心移动偏移量的一半。

2）用校正针拨动水准管一端的校正螺丝，使气泡居中。

此项检验和校正需反复进行，直到气泡在任何方向偏离值在半格以内。另外，经纬仪上若有圆水准器，也应对进行检校，当管水准器校正完善并对仪器精确整平后，圆水准器的气泡也应该居中，如果不居中，应拨动校正螺丝使其居中。

7. 十字丝竖丝垂直于横轴的检验与校正

检校目的：使十字丝的竖丝垂直于横轴。

检验方法：

1）精确整平仪器，用竖丝的一端瞄准一个固定点，旋紧水平制动螺旋和望远镜制动螺旋。

2）转动望远镜微动螺旋，观察目标点，是否始终在竖丝上移动，若始终在竖丝上移动，如图 7-4a 所示，说明满足条件，否则需要进行校正，如图 7-4b 所示。

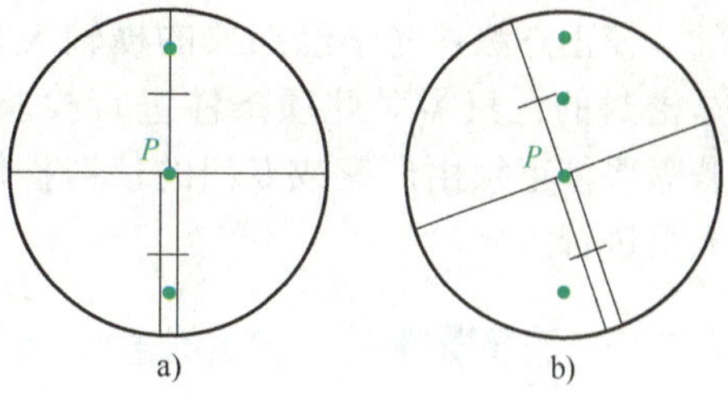

图 7-4　十字丝竖丝检验

校正方法：

1）拧下目镜前面的十字丝的护盖，松开十字丝环的压环螺丝；

2）转动十字丝环，使竖丝达到竖直位置，然后将松开的螺丝拧紧。

此项检验校正工作需反复进行。

8. 视准轴垂直于横轴的检验与校正

检校目的：使望远镜视准轴垂直于仪器横轴。视准轴不垂直于横轴的倾角 C 称为视准轴误差，也称为 2C 误差。它是由于十字丝交点的位置不正确而产生的。

检验方法：

1）安置仪器，盘左瞄准远处与仪器大致同高的一点 A，读水平度盘读数为 $\alpha_{左}$。

2）倒转望远镜，盘右再瞄准 A 点，读水平度盘读数为 $\alpha_{右}$。

3）若 $\alpha_{右}$ 与 $\alpha_{右}$ 相差 180°则满足条件，无须校正；否则表示视准轴不垂直于横轴，视准轴应进行校正。

校正方法：

1）以盘右位置读数为准，计算两次读数的平均值，即

$$\alpha=\frac{\alpha_{右}+(\alpha_{左}\pm180°)}{2}$$

2）转动水平微动螺旋，使度盘读数对准正确的读数 α，此时视准轴偏离了原照准目标。

3）用校正针拨动十字丝环左右校正螺丝，使十字丝竖丝瞄准 A 点为止，即视准轴与横轴相垂直。

9. 横轴垂直于竖轴的检验与校正

检校目的：使横轴垂直于竖轴。

检验方法：

1）如图 7-5 所示，在离墙 10～20m 处安置经纬仪，以盘左瞄准墙面高处的一点 P（其仰角大于 30°），固定照准部，然后放平望远镜（通过度盘读数）在墙面上定出十字丝交点 P_1。

2）盘右瞄准 P 点，放平望远镜，在墙面上定出十字丝交点 P_2，如果 P_1点和 P_2点重合，说明满足条件无须校正，否则需要进行校正。

校正方法：光学经纬仪的横轴大都是密封的，只需对此项条件进行检验，若需要校正须由厂家或专门的仪器检修人员进行。

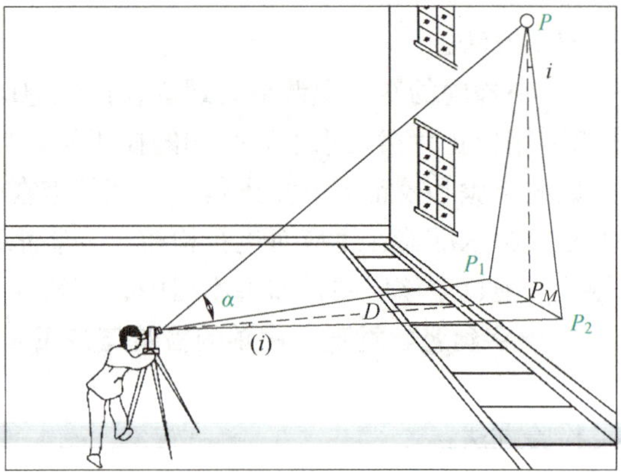

图 7-5　横轴垂直于竖轴的检验示意图

7.4.3 精密光学经纬仪的仪器误差及其检验和校正

前面几节具体介绍了光学经纬仪的主要部件及其相互关系。仪器的制造和安装不论如何精细，也不可能完全满足理论上对仪器各部件及其相互几何关系的要求，加之在仪器使用过程中产生的磨损、变形，以及外界条件对仪器的影响，必然给角度测定结果带来误差影响。这种因仪器结构不能完全满足理论上对各部件及其相互关系的要求而造成的测角误差称为仪器误差。

仪器误差包括三轴误差（视准轴误差、水平轴倾斜误差、竖轴倾斜误差），偏心差，照准部旋转误差，分划误差（水平度盘分划误差、测微盘分划误差）以及光学测微器行

差等。本节将介绍这些误差的产生原因，消除或减弱其影响的措施及检验方法。

1. 三轴误差

经纬仪的三轴（视准轴、水平轴、竖轴）之间在测角时应满足一定的几何关系，即视准轴与水平轴正交，水平轴与竖轴正交，竖轴与测站铅垂线一致。当这些关系不能满足时，将分别引起视准轴误差、水平轴倾斜误差、竖轴倾斜误差。

（1）视准轴误差

1）视准轴误差及其产生原因。望远镜的物镜光心与十字丝中心的连线称为视准轴。假设仪器已整置水平（即竖轴与测站铅垂线一致），且水平轴与竖轴正交，仅由于视准轴与水平轴不正交——即实际的视准轴与正确的视准轴存在夹角 C，称为视准轴误差，如图 7-6 所示。当实际的视准轴偏向竖直度盘一侧时，C 为正值，反之 C 为负值。

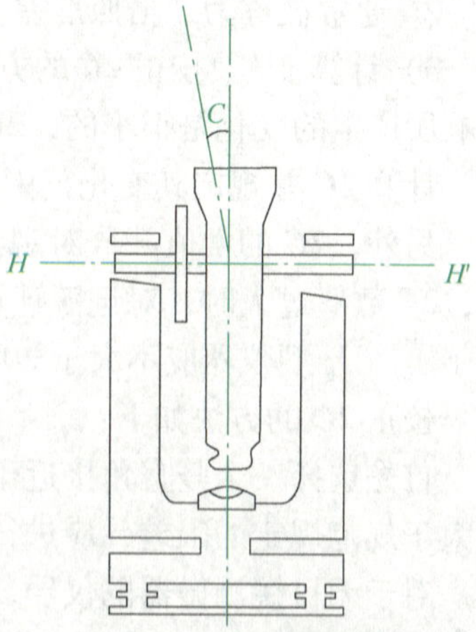

图 7-6　视准轴误差

产生视准轴误差的原因是由于安装和调整不正确，使望远镜的十字丝中心偏离了正确的位置，造成视准轴与水平轴不正交，从而产生视准轴误差。此外，外界温度的变化也会引起视准轴的位置变化，产生视准轴误差。

2）视准轴误差对观测方向值的影响及消除影响的方法。视准轴误差 C 对观测方向值的影响 ΔC 为

$$\Delta C=\frac{C}{\cos\alpha} \tag{7-1}$$

式中　α——观测目标的竖直角。

由 ΔC 的表达式可知：

① ΔC 的大小不仅与 C 的大小成正比，而且与观测目标的竖直角 α 有关。当 α 越大时，ΔC 也越大，反之就越小；当 $\alpha=0°$时，$\Delta C=C$。

② 盘左观测时，实际视准轴位于正确视准轴的左侧，使正确的方向值 L_0 比含有视准轴误差的实际方向值 L 小 ΔC，即

$$L_0=L-\Delta C$$

纵转望远镜，以盘右观测同一目标时，实际视准轴在正确视准轴的右侧，显然此时对方向值的影响恰好和盘左时的数值相同，符号相反，即正确的方向值较有误差的方向值 R 大，故

$$R_0=R+\Delta C$$

取盘左与盘右的中数，得

$$\frac{1}{2}(L_0+R_0)=\frac{1}{2}(L+R)$$

可以看出：视准轴误差对观测方向值的影响，在望远镜纵转前后，大小相等，符号相反。因此，取盘左与盘右的中数可以消除视准轴误差的影响。

③ 观测一个角度时，如果两个方向的竖直角相等，则视准轴误差的影响可在半测回角度值中得到消除。即使竖直角不相等，如果差异不大且接近于 0°，其影响也可以忽略。

④ 望远镜纵转前后，同一方向的盘左、盘右观测值之差为

$$L-R\pm180°=2\Delta C \tag{7-2}$$

视准轴与水平轴的关系是机械地结合，在短时间内，可以认为 C 是常值。由式（7-1）可知，若各个方向的竖直角 α 很小，且相差不大时，$2\Delta C$ 近似等于 $2C$，也可认为是常值。因此，可将式（7-2）写成：

$$L-R\pm180°=2C$$

$2C$ 通常被称为二倍照准差。

3）计算 $2C$ 及校正 $2C$ 的方法。在短暂的观测时间里，视准轴受温度等外界因素的影响所产生的变化是很小的，$2C$ 变动的主要原因是观测照准读数等偶然误差的影响。因此，计算 $2C$ 并规定其变化范围可以作为判断观测质量的标准之一。

另外，$2C$ 的常值部分对观测结果是没有影响的，有影响的仅是它的变动部分。但是，$2C$ 数值过大时，对记簿计算不太方便，因此 $2C$ 绝对值过大时需校正。$2C$ 的绝对值对于 J_{07}、J_1 型仪器应不大于 20″，对于 J_2 型仪器应不大于 30″。

校正 $2C$ 的方法如下：

首先选择一个竖直角接近于 0°的目标，用盘左、盘右观测出 $2C$ 值，若 $2C$ 值的绝对值大于规范规定的限差，应进行 $2C$ 的校正。

对于无目镜测微器的仪器，先按 $R_0=R+C$（或 $L_0=L-C$）算出正确读数。然后用测微盘对准正确读数的不足度盘一格的零数，再用水平微动螺旋使水平度盘的上下分划像重合，使水平度盘读数等于 R_0 或 L_0，此时望远镜的十字丝中心偏离目标影像。再用十字丝网校正螺旋使十字丝照准目标。

不同类型的仪器，其十字丝校正螺旋不尽相同，如图 7-7 所示。校正时，应注意校正螺旋的对抗性，应先松开一个再紧另一个。校正后，通常应再检测一次，直至达到目的为止。

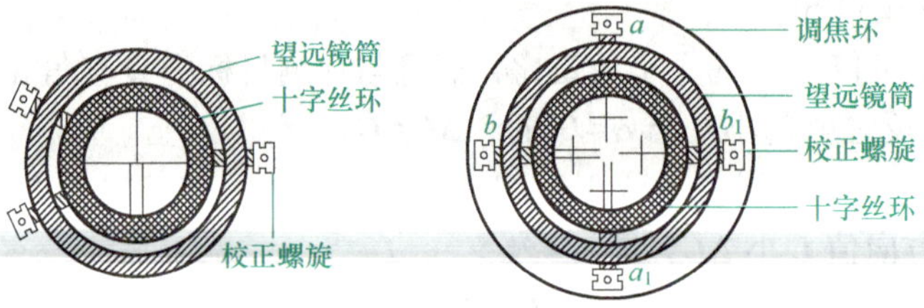

图 7-7　十字丝校正螺旋

（2）水平轴倾斜误差

1）水平轴倾斜误差及产生原因。当视准轴与水平轴正交，且竖轴与测站铅垂线一致时，仅由于水平轴与竖轴不正交使水平轴倾斜一个小角 i，称为水平轴倾斜误差，如图 7-8 所示。

引起水平轴倾斜误差的主要原因是：在仪器安装、调整时不完善，致使仪器水平轴两支架不等高，或者水平轴两端的直径不相等。

2）水平轴倾斜误差对观测方向值的影响及消除影响的方法。水平轴倾斜误差 i 对观测方向值的影响 Δi 为

$$\Delta i=i\tan\alpha$$

式中　α——观测目标的竖直角。

由 Δi 的表达式可知：

① Δi 的大小不仅与 i 的大小成正比，而且与观测目标的竖直角 α 有关。当 α 越接近于 90°，Δi 越大，当 $\alpha=0°$时，则 $\Delta i=0°$。

② 上述情况为盘左时，由于水平轴倾斜，使视准轴偏向竖直度盘一侧，正确的方向值 L_0 较有误差的方向值 L 小 Δi，即

$$L_0=L-\Delta i$$

纵转望远镜，在盘右位置观测时，正确读数 R_0 较有误差的读数 R 大，故

$$R_0=R+\Delta i$$

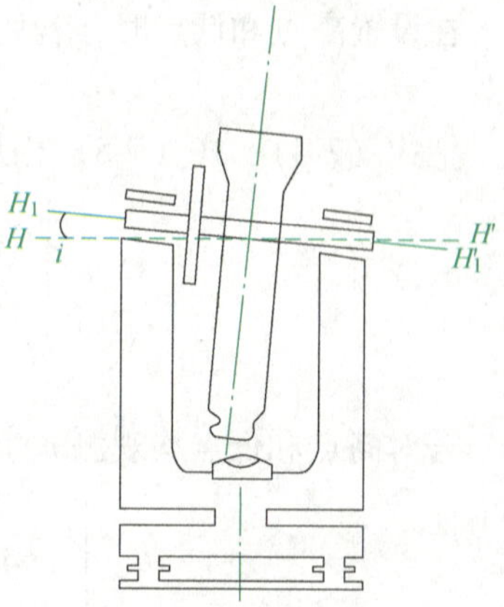

图 7-8　水平轴倾斜误差

取盘左和盘右读数的中数，得

$$\frac{1}{2}(L_0+R_0)=\frac{1}{2}(L+R) \tag{7-3}$$

式（7-3）说明，水平轴倾斜误差对观测方向值的影响，在盘左和盘右读数中，可以得到消除。

③ 观测一个角度时，如果两个方向的竖直角相差不大且接近于0°时，水平轴倾斜误差在半测回角度值中可以得到减弱或消除。

④ 在望远镜纵转前后，同一方向上的盘左和盘右的观测值之差

$$L-R\pm180°=2\Delta i$$

这说明，即使没有视准轴误差存在，但由于有水平轴倾斜误差的存在，使得同一方向的盘左和盘右读数的差值中，仍含有水平轴倾斜误差的影响。在山区，一个测站上的各个观测方向的竖直角相差较大，如果视准轴误差和水平轴倾斜误差同时存在时，则有

$$L-R\pm180°=2\Delta C+2\Delta i$$

这样，就不便于利用 $2C$ 的变化来判断观测成果的质量。所以，对仪器的 i 角的大小要加以限制，规范规定，J_{07}、J_1 型仪器的 i 角不得超过±10″，J_2 型仪器不得超过±15″。若超过限差，应对仪器进行校正。

3）水平轴倾斜误差的检验。

① 检验公式。视准轴误差与水平轴倾斜误差同时存在时的盘左和盘右读数之差，即

$$L-R\pm180°=2\Delta C+2\Delta i$$

为书写简单，省去“±180°”（下同），得

$$L-R=\frac{2C}{\cos\alpha}+2i\tan\alpha$$

若观测目标的竖直角 $\alpha>0°$时，称为高点。在盘左和盘右位置观测高点时，有

$$(L-R)_{高}=\frac{2C}{\cos\alpha_{高}}+2i\tan\alpha_{高} \tag{7-4}$$

若观测目标的竖直角 $\alpha<0°$时，称为低点。观测低点时，有

$$(L-R)_{低}=\frac{2C}{\cos\alpha_{低}}+2i\tan\alpha_{低} \tag{7-5}$$

在设置高点和低点时，若使

$$|\alpha_{高}|=|\alpha_{低}|=\alpha$$

把式（7-4）、式（7-5）相加和相减，可分别得到

$$\begin{cases} C=\dfrac{1}{4}[(L-R)_{高}+(L-R)_{低}]\cos\alpha \\ i=\dfrac{1}{4}[(L-R)_{高}-(L-R)_{低}]\cot\alpha \end{cases}$$

若对高点和低点均观测 n 个测回，则有

$$\begin{cases} C=\dfrac{1}{4n}\left[\sum(L-R)_{高}+\sum(L-R)_{低}\right]\cos\alpha \\ i=\dfrac{1}{4n}\left[\sum(L-R)_{高}-\sum(L-R)_{低}\right]\cot\alpha \end{cases}$$

令

$$\begin{cases} C_{高}=\dfrac{1}{2n}\sum(L-R)_{高} \\ C_{低}=\dfrac{1}{2n}\sum(L-R)_{低} \end{cases}$$

则

$$\begin{cases} C=\dfrac{1}{2}(C_{高}+C_{低})\cos\alpha \\ i=\dfrac{1}{2}(C_{高}-C_{低})\cot\alpha \end{cases} \tag{7-6}$$

式（7-6）就是高低点法检验视准轴误差及水平轴倾斜误差的公式。

② 检验方法。此项检验可在室内或室外进行。在室内检验时，可用两个照准器（任何装有十字丝的仪器均可）作为照准目标。在室外检验时，可在距仪器 5m 以外的地方设置两个目标。对两个目标位置的要求是：高点和低点应大致在同一方向上，两目标的竖直角的绝对值应不小于 3°且大致相等，其差值不得超过 30″。

③ 检验步骤。观测高点和低点间的水平角 6 个测回，并在各测回间均匀分配度盘。在观测过程中，同一测回不得改变照准部的旋转方向，即半数测回顺时针方向旋转照准部，半数测回逆转。观测限差是：各测回角度值互差，J_{07}、J_1 型仪器应小于±3″；J_2 型仪器不得超过±8″。2C 变化，高点和低点的分别比较，J_{07}、J_1 型仪器不得超过±8″，J_2 型仪器不得超过±10″。

观测高点和低点的竖直角，用中丝法观测 3 个测回，竖直角、指标差的互差不得超过 10″（各种类型的仪器要求相同）。

若有超限者，应进行重测。

检验示例见表 7-9 和表 7-10。

顺便指出，当水平轴倾斜误差超限需要对仪器进行校正时，应由仪器检修人员进行。所以，此项误差的校正不再叙述。

表 7-9　水平轴不垂直于竖轴之差的测定

（一）高、低两点间水平角的测定

仪器：蔡司 010B 经纬仪　　No：71001　　　　2019 年 5 月 3 日

度盘位置	照准点	读数								2C（左-右±180°）	$\frac{1}{2}$［左+(右±180°)］			水平角		
		盘左（L）				盘右（R）										
		(°)	(′)	(格)	(″)	(°)	(′)	(格)	(″)	(″)	(°)	(′)	(″)	(°)	(′)	(″)
（顺）0°	1	0	00	00.5		179	58	55.8								
	高点			00.6	01.1			55.8	111.6	+09.5	359	59	56.35			
	2	0	00	07.3		180	00	02.3								
	低点			07.6	14.9			02.6	04.9	+10.0	0	00	09.90	0	00	13.55
30°	1	30	04	14.3		210	04	08.5								
				14.6	28.9			08.3	16.8	+12.1	30	04	22.85			
	2	30	04	20.3		210	04	15.4								
				20.4	40.7			15.8	31.2	09.5	30	04	35.95	0	00	13.10
60°	1	60	08	23.2		240	08	16.7								
				22.9	46.1			16.4	33.1	+13.0	60	08	36.60			
	2	60	08	29.6		240	08	22.9								
				29.4	59.0			23.3	46.2	+12.8	60	80	52.60	0	00	13.00
（逆）90°	1	90	12	31.9		270	12	25.6								
				31.6	63.5			25.7	51.3	+12.2	90	12	57.40			
	2	90	12	38.2		270	12	33.8								
				38.2	76.4			33.6	67.4	+09.0	90	12	71.90	0	00	14.50

（续）

度盘位置	照准点	读数								2C（左-右±180°）	$\frac{1}{2}$［左+(右±180°)］			水平角		
		盘左（L）				盘右（R）										
		(°)	(′)	(格)	(″)	(°)	(′)	(格)	(″)	(″)	(°)	(′)	(″)	(°)	(′)	(″)
120°	1	120	16	42.8		300	16	37.2								
				42.7	85.5			37.2	74.4	+11.1	120	16	79.95			
	2	120	16	51.1		300	16	45.8								
				51.3	102.4			45.9	91.7	+10.7	120	16	97.05	0	00	17.10
150°	1	150	20	51.1		330	20	45.7								
				50.9	102.0			45.4	91.1	+10.9	150	20	96.55			
	2	150	20	57.8		330	20	52.6								
				57.8	115.6			52.6	105.2	+10.4	150	20	110.40	0	00	13.85
重120°	1	120	16	41.4			300	16	36.6							
				41.6	83.0			37.0	73.6	+09.4	120	16	78.30			
	2	120	16	48.8		300	16	44.2								
				48.5	97.3			44.2	88.4	+08.9	120	16	92.85	0	00	14.55

120°位置为划去测回不采用，重测于后。

$$\begin{cases} C_{高} = \frac{1}{2n}\sum_{1}^{n}(L-R)_{高} = \frac{1}{2\times 6}\times 67.1'' = +5.59'' \\ C_{低} = \frac{1}{2n}\sum_{1}^{n}(L-R)_{低} = \frac{1}{2\times 6}\times 60.6'' = +5.05'' \end{cases}$$

表 7-10　水平轴不垂直于竖轴之差的测定

（二）高、低两点间竖直角的测定

仪器：威特 T_3　　No：71001　　　　2019 年 5 月 3 日

照准点	测回	读数								指标差	竖直角		
		盘左				盘右							
		(°)	(′)	(格)	(″)	(°)	(′)	(格)	(″)	(″)	(°)	(′)	(″)
高点	Ⅰ	92	00	01.3		87	58	56.8					
				01.4	02.7			56.6	113.4	−03.9	+4	00	09.3
	Ⅱ	92	00	01.3		87	58	57.0					
				01.3	02.6			57.2	114.2	−03.2	+4	00	08.4
	Ⅲ	92	00	00.3		87	58	56.6					
				00.2	00.5			57.0	113.6	−05.9	+4	00	06.9
中数											+4	00	08.2
低点	Ⅰ	87	58	57.8		92	00	00.1					
				58.1	115.9			00.2	00.3	−03.8	−4	00	04.4
	Ⅱ	87	58	59.1		92	00	00.2					
				59.3	118.4			00.3	00.5	−01.1	−4	00	02.1
	Ⅲ	87	58	58.2		92	00	00.6					
				58.5	116.7			00.5	01.1	−02.2	−4	00	04.4
中数											−4	00	03.6
										α	=4	00	05.9

水平轴不垂直于竖直轴之差：

$$i=\frac{1}{2}(C_{高}-C_{低})\cot\alpha=\frac{1}{2}(+5.59''-5.05'')\times14.2948=3.86''$$

（3）竖轴倾斜误差

1）竖轴倾斜误差及其产生的原因。当仪器三轴间的关系均已正确时，由于仪器未严格整置水平，而使仪器竖轴偏离测站铅垂线一个微小的角度 v，称为竖轴倾斜误差。如图 7-9 所示，OV 为与测站铅垂线一致的竖轴位置，与之正交的水平轴为 HH_1，OV' 为与测站铅垂线不一致即倾斜一个小角 v 的竖轴的位置，水平轴也随之倾斜至 $H'H_1'$ 位置。这样，与水平轴正交的视准轴也偏离了正确位置，当其绕水平轴俯仰时形成的照准面将不是竖直照准面，而是倾斜照准面，从而给水平方向观测带来误差。

2）竖轴倾斜误差对观测方向值的影响。如图 7-10 所示，当竖轴与测站铅垂线一致时，与之正交的水平轴 HH_1 处于水平位置，若照准部绕竖轴旋转一周，水平轴 HH_1 将始终处于水平面 H_1MHM_1 上。当竖轴倾斜一个小角 v，而处于 OV' 位置时，与之正交的水平轴处于 $H'H_1'$ 位置，若照准部旋转一周，水平轴 $H'H_1'$，将始终处于倾斜面 $H_1'MH'M_1$ 上，由此可以看出，由于竖轴与测站铅垂线不一致，将引起与之正交的水平轴倾斜，从而给水平方向观测值带来误差影响。由图 7-10 可看出，水平轴 $H'H_1'$ 的倾斜量是变化的；当水平轴 $H'H_1'$ 与竖轴倾斜面 VOV' 一致时，水平轴倾斜量最大，为 v（与竖轴倾斜的小角 v 相等）；当水平轴 $H'H_1'$ 转到 MOM_1 位置——与竖轴倾斜面 VOV' 正交时最小，为零。也就是说，在水平轴随照准部绕倾斜的竖轴 OV' 由 $H'OH_1'$ 位置转动到 MOM_1 位置时，水平轴的倾斜量将由 $v \to 0$。当水平轴 $H'H_1'$ 在 OH_2' 位置时，设水平轴的倾斜量为 i_v，若观测目标的竖直角为 α，则竖轴倾斜误差 v 对水平方向观测值的影响为

$$\Delta v = i_v \tan\alpha \tag{7-7}$$

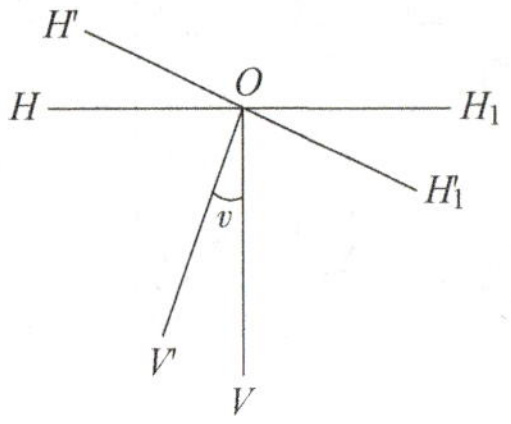

图 7-9　竖轴倾斜误差

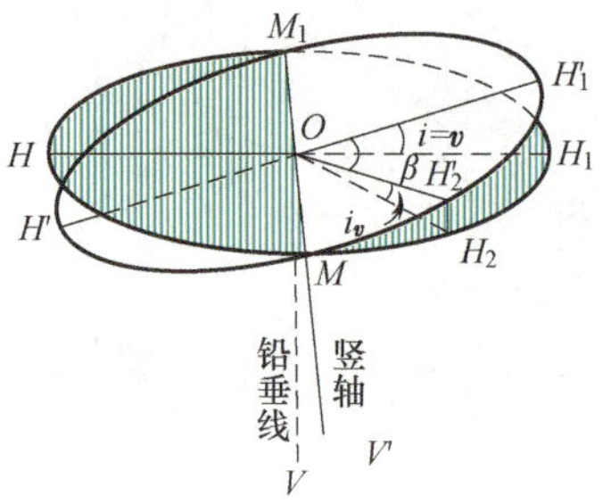

图 7-10　竖轴倾斜误差对观测方向值的影响

为了说明 i_v 与 v 的关系，过 H_2' 与 OV 作大圆弧，交 MH_1 于 H_2。水平轴由 OH_1' 转至 OH_2' 时的转角为 β，因为 OH_1' 与 OM 正交，则 $MN_2' = 90° - \beta$，在球面三角形 MH_2H_2' 中，因为

$$\angle MH_2H_2' = 90°,\ MH_2' = 90° - \beta,\ \angle H_2MH_2' = v,\ H_2H_2' = i_v$$

依正弦公式得

$$\sin i_v = \frac{\sin v \sin(90° - \beta)}{\sin 90°} = \sin v \cos\beta \tag{7-8}$$

因为 i_v 和 v 均为小角度，式（7-8）可写成

$$i_v = v\cos\beta \tag{7-9}$$

将式（7-9）代入式（7-7）可得

$$\Delta v = v\cos\beta\tan\alpha \tag{7-10}$$

3）竖轴倾斜误差对观测方向值的影响特性及减弱其影响的措施。通过上述分析可

知，Δv 有如下特性：

① 竖轴倾斜的方向和大小，不随照准部转动而变化，所引起的水平轴倾斜方向在望远镜纵转前后是相同的（即 Δv 的正负号不变），因而，对任一观测方向不能期望通过盘左和盘右观测取中数而消除其误差影响。

② 竖轴倾斜误差对观测方向值的影响，不仅与竖轴倾斜量、观测目标的竖直角有关，而且随观测方向方位的不同而不同。

为了减弱或消除竖轴倾斜误差的影响，作业过程中应采取以下措施：

① 观测前要精密整平仪器，观测过程中要经常注意照准部水准器是否居中，其气泡偏离中央不得超出一格。否则，应停止观测，重新整置仪器水平。

② 在一站的观测过程中，适当增加重新整平仪器的次数，以便改变竖轴倾斜的方向，使其对观测结果的影响具有偶然性。

③ 当观测目标的竖直角较大时，可对其观测值加入竖轴倾斜改正。因此，应事先测定仪器照准部水准器格值。在观测方向值中加入竖轴倾斜改正的方法和测定照准部水准器格值的方法见相关规范。

2. 偏心差

仪器的水平度盘，不但要求其刻划准确精密，而且要求安装时应使度盘分划中心与照准部旋转中心一致。同时，还要求度盘分划中心与度盘旋转中心一致。即要求三心（照准部旋转中心、度盘分划中心及度盘旋转中心）一致。这个要求如不能满足，就将产生照准部偏心差和水平度盘偏心差，现分别说明如下。

（1）照准部偏心差

1）照准部偏心差的影响和性质。在水平角观测中，照准部绕竖轴转动，若照准部旋转中心与水平度盘分划中心不一致，产生的误差叫照准部偏心差。如图7-11所示，L 为水平度盘分划中心，V 是照准部旋转中心。两中心之间的距离 $LV=e$ 称为照准部偏心距。度盘零分划线 LO 与偏心距方向间的角度（$\angle OLP=P$）称为照准部偏心角。

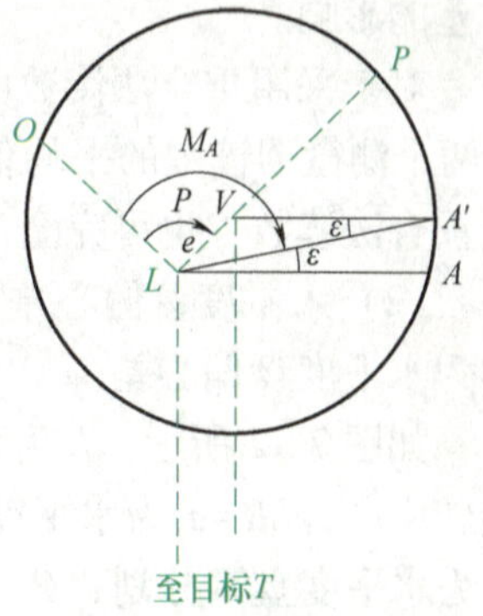

图7-11　照准部偏心差

当 V 与 L 重合时，照准目标 T，测微器的读数为 A，即正确读数应为 $\angle OLA$；当有照准部偏心差时，照准目标 T，测微器的读数为 A'，即读数为 $\angle OLA'=M_A$。二者的读数之差，即是照准部偏心差对水平方向观测读数的影响。

在 $\triangle VA'L$ 中，$\angle VA'L=\varepsilon$，$\angle VLA'=M_A-P$，$VL=e$。因为偏心距很小，$VA'\approx LA\approx r$（r 为水平度盘半径）。

依正弦定理得

$$\sin\varepsilon=\frac{e}{r}\sin(M_A-P) \tag{7-11}$$

由于 ε 角很小，式（7-11）可写成

$$\varepsilon=\frac{e}{r}\rho''\sin(M_A-P) \tag{7-12}$$

式（7-12）就是照准部偏心差对水平方向读数的影响的表达式。

由式可见，照准部偏心差的影响是以 2π 为周期的系统性误差。

2）消除照准部偏心差影响的方法。如上所述，当存在照准部偏心差时，测微器 A 的水平度盘正确的读数 M，比实际读数 M_A 大 ε，即

$$M=M_A+\varepsilon$$

如果在相距测微器 A 的 180°处再安装一个测微器 B，那么，测微器 B 在水平度盘上的实际读数应为

$$M_B=M_A+180°$$

由式（7-12）可得照准部偏心差对测微器 A 和测微器 B 在水平度盘上的读数的影响分别为

$$\varepsilon_A=\frac{e}{r}\rho''\sin(M_A-P)$$

$$\begin{aligned}\varepsilon_B&=\frac{e}{r}\rho''\sin(M_B-P)\\&=\frac{e}{r}\rho''\sin(M_A+180°-P)\\&=-\frac{e}{r}\rho''\sin(M_A-P)\\&=-\varepsilon''_A\end{aligned}$$

由此可以得出结论：相对 180°的两个测微器所得读数的平均值，可以消除照准部偏心差的影响。

对于采用重合法读数的光学经纬仪，由于光学测微器的特殊构造，可以直接得到 A、B 两个测微器读数的平均值（即正、倒像分划线重合读数）。因此，采取对径 180°分划线重合法读数，也可完全消除照准部偏心差的影响。

（2）水平度盘偏心差　若水平度盘的旋转中心与其分划中心不重合，产生的偏心差称为水平度盘偏心差。

如图 7-12 所示，L 为水平度盘分划中心，R 为水平度盘旋转中心，$LR=e_1$为水平度盘偏心差，又称水平度盘偏心距；O 为水平度盘零分划，P_1 为 LR 的延长线与水平度盘相交的分划，零分划方向 LO 与偏心距方向 LR（即 LP_1）之间的角度 $P_1=\angle OLP_1$，称为水平度盘偏心角。e_1、P_1统称为水平度盘偏心元素。

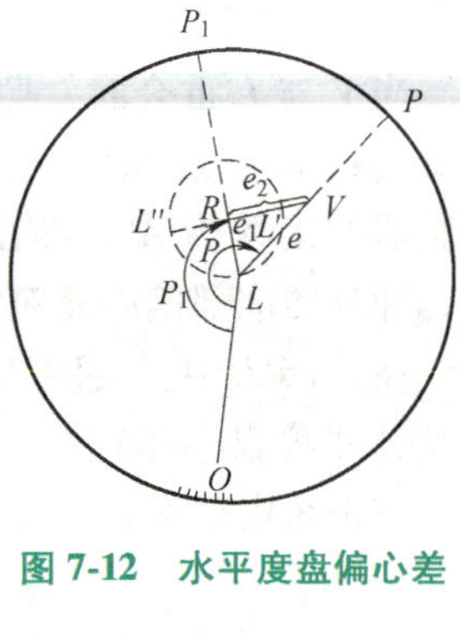

图 7-12　水平度盘偏心差

在水平角观测过程中，要在整测回之间变换水平度盘以减弱度盘分划误差影响。如图 7-12 所示，当变换水平度盘时（照准部保持不动），度盘分划中心 L 将在以度盘旋转中心 R 为圆心，以 r_1（RL）为半径的圆周上移动，从而使照准部的偏心元素 e、p 随之变动——当 L 转至 RV 的连线 L' 上时，照准部偏心元素 e 的数值为最小（为 $L'V=e-e_1$）；当 L 转至 RV 的延长线 L''上时，照准部偏心元素 e 的数值最大（为 $L''V=e+e_1$），这个位置称为度盘最不利位置；在 L 转至其他位置时，偏心距 e 的数值介于最小和最大之间。由此可见，当存在水平度盘偏心差时，转动水平度盘后，它对观测方

向读数的影响，是通过改变照准部偏心元素，并以照准部偏心差影响的形式表现出来，显然，消除其影响的方法也是用度盘正、倒像分划重合法读数来实现。

水平度盘偏心差的检验应在照准部偏心差检验之后紧接着进行，其目的是：由于水平度盘偏心差的存在，变换水平度盘时，将使照准部偏心差的大小发生变化，因此，为查明照准部偏心差可能达到的最大值，必须对水平度盘偏心差进行检验。规范规定，用于一、二等三角观测的仪器，每2~3年进行一次照准部偏心差和水平度盘偏心差的检验。对于三、四等三角观测，不进行此项检验，只需在每期作业开始前进行“照准部旋转是否正确”的检验。因此，不再介绍偏心差检验的具体方法，当需要进行此项检验时，按照规范规定的方法进行。

3. 照准部旋转误差

观测中，观测方向是分布在测站四周的，只有通过旋转照准部和俯仰望远镜才能照准目标。因此，不仅要求竖轴、水平轴、视准轴三者的关系正确，而且要求照准部旋转灵活、平稳。照准部转动平稳，就是转动时不产生偏斜和平移，照准部旋转时是否平稳的检验就是“照准部旋转是否正确的检验”；照准部转动灵活就是转动时没有紧滞现象，使固定在底座上的水平度盘没有丝毫的带动现象，否则，将引起仪器底座位移而产生系统误差。因此还要进行照准部旋转时仪器底座位移而产生的系统误差的检验。

（1）照准部旋转是否正确及其检验　照准部是绕竖轴旋转的。照准部转动时，若照准部产生晃动（倾斜或平移），就称为照准部旋转不正确。

照准部旋转不正确时，将带来竖轴倾斜误差和照准部偏心差，因为前一种误差对观测方向读数的影响不能通过正倒镜观测的方法消除，从而影响观测成果的质量。因此，进行此项检验是必要的。

照准部旋转不正确的原因是，竖轴和轴套间的间隙过大；其间的润滑油较黏和油层分布不均匀。另外，某些类型的经纬仪采用半运动式柱形轴，它是用一组滚珠与轴套的锥形面接触，这些滚珠除承受仪器照准部的质量外，还对竖轴的转动起定向作用，当各个滚珠的形状和大小有较大差异时，也将引起照准部旋转不正确。

照准部旋转不正确的表现形式是：仪器不易整置水平；在旋转1~2周的过程中，照准部水准器的气泡会从中央向一端偏离，而后，经水准管中央逐渐偏向另一侧。然后回复到中央位置，呈现周期性。判断照准部旋转是否正确，就是以此为依据。

检验方法如下：

1）整置仪器，使竖轴垂直，读记照准部水准管气泡两端（或中间位置）的读数至0.1格。

2）顺时针方向旋转照准部，每旋转照准部45°，待气泡稳定后，按1）步的方法读记照准部水准管气泡一次，如此连续顺转3周。

3）紧接着2）步的操作，逆时针方向旋转照准部，每旋转45°，读记水准管气泡一次，连续逆转3周。

在上述操作过程中，照准部不得有多余旋转。

各个位置气泡读数互差，对于J_{07}、J_1型仪器不超过2格（按气泡两端读数之和进行比较为4格），对于J_2型仪器不得超过1格（按气泡两端读数之和比较为2格）。如果超出上述限差，并以照准部旋转两周为周期而变化，则照准部旋转不正确，应对仪器进行检修。

照准部旋转是否正确的检验示例见表 7-11。

表 7-11 照准部旋转是否正确的检验

仪器：T_2 经纬仪　　No：51910　　2019 年 5 月 11 日

照准部位置	气泡读数			照准部位置	气泡读数		
	左	右	和或中数		左	右	和或中数
(°)	(格)	(格)	(格)	(°)	(格)	(格)	(格)
顺转第一周							
0	06.9	13.2	20.1	180	07.0	13.4	20.4
45	06.9	13.3	20.2	225	07.1	13.5	20.6
90	06.9	13.4	20.3	270	07.1	13.5	20.6
135	06.9	13.3	20.2	315	07.0	13.4	20.4
顺转第二周							
0	07.2	13.6	20.8	180	07.0	13.3	20.3
45	07.2	13.8	20.8	225	06.9	13.3	20.2
90	07.1	13.5	20.7	270	06.8	13.2	20.0
135	07.0	13.4	20.4	315	06.9	13.2	20.4
顺转第三周							
0	06.9	13.2	20.1	180	07.0	13.2	20.2
45	06.9	13.2	20.1	225	07.1	13.3	20.4
90	07.0	13.3	20.3	270	07.0	13.3	20.3
135	06.9	13.2	20.1	315	07.0	13.3	20.3
逆转第一周							
315	07.1	13.4	20.5	135	07.0	13.3	20.3
270	07.1	13.5	20.6	90	06.8	13.2	20.0
225	07.2	13.5	20.7	45	06.9	13.2	20.1
180	07.0	13.4	20.4	0	06.8	13.1	19.9
逆转第二周							
315	06.9	13.2	20.1	135	06.5	12.8	19.3
270	07.0	13.2	20.2	90	06.6	12.9	19.5
225	06.8	13.1	19.9	45	06.6	12.9	19.5
180	06.7	13.0	19.7	0	06.8	13.1	19.9
逆转第三周							
315	07.1	13.3	20.4	135	06.8	13.0	19.8
270	07.0	13.2	20.2	90	06.6	12.9	19.5
225	06.8	13.0	19.8	45	06.8	12.9	19.7
180	06.7	13.0	19.7	0	06.9	13.0	19.9
最大变动 1.5				中心变化位置 0.74			

（2）照准部旋转时仪器底座位移而产生的系统误差的检验 前面已经指出，仪器的水平度盘是与底座固定在一起的，如果在转动照准部时底座有带动现象，将使水平度盘与照准部一起转动，从而给水平方向观测带来系统误差。照准部转动时，仪器底座产生位移的原因是：由于支承仪器底座脚螺旋与螺孔之间常有空隙存在，当照准部转动时，竖轴与轴套间的摩擦力可能使脚螺旋在螺孔内移动，因而使底座连同水平度盘产生微小的方位变动；竖轴与轴套间的摩擦力使底座产生弹性扭曲，从而带动底座和水平度盘、三脚架架头和脚架间的松动，使底座和水平度盘产生带动。

进行此项检验，实质上是鉴定仪器的稳定性。

检验方法如下：在仪器墩或牢固的脚架上整置好仪器，选一清晰的目标（或设置一目标），顺转照准部一周照准目标读数，再顺转一周照准目标读数；然后，逆转一周照准目标读数，再逆转一周照准目标读数。以上操作作为 1 个测回，连续测定 10 个测回，分别计算顺、逆转两次照准目标的读数的差值，并取 10 次的平均值，此值的绝对值对于 J_1 型仪器应不超过 0.3″，对于 J_2 型仪器应不超过 1.0″。

检验记录、计算示例见表 7-12。

表 7-12 照准部旋转时仪器底座位移而产生的系统误差的检验

仪器：L 经纬仪　No：59918　2019 年 5 月 11 日

序号	项　目	度盘位置	测微器读数			一周的系统差
			Ⅰ	Ⅱ	和或中数	
		(°)	(格)	(格)	(″)	(″)
		Ⅰ 测 回				
1	顺转一周照准目标读数	0	02.9	02.6	05.5	
2	再顺转一周照准目标读数		02.4	02.2	04.6	-0.9
3	逆转一周照准目标读数		02.0	01.9	03.9	
4	再逆转一周照准目标读数		02.3	02.1	04.4	+0.5
		Ⅱ 测 回				
1	顺转一周照准目标读数	18	01.1	01.3	02.4	
2	再顺转一周照准目标读数		01.2	01.2	02.4	0.0
3	逆转一周照准目标读数		01.4	01.2	02.6	
4	再逆转一周照准目标读数		01.8	01.8	03.6	+1.0
		Ⅲ 测 回				
1	顺转一周照准目标读数	36	04.6	04.8	09.4	
2	再顺转一周照准目标读数		05.1	05.1	10.2	+0.8
3	逆转一周照准目标读数		04.9	04.9	09.8	
4	再逆转一周照准目标读数		04.6	04.8	09.4	-0.4
		Ⅳ 测 回				
1	顺转一周照准目标读数	54	08.8	08.9	17.7	
2	再顺转一周照准目标读数		08.9	08.9	17.8	+0.1
3	逆转一周照准目标读数		08.4	08.4	16.8	
4	再逆转一周照准目标读数		08.3	08.4	16.7	-0.1

（续）

序号	项 目	度盘位置	测微器读数			一周的系统差
			Ⅰ	Ⅱ	和或中数	
		(°)	（格）	（格）	(″)	(″)
X 测 回						
1	顺转一周照准目标读数	162	04.8	04.5	09.3	
2	再顺转一周照准目标读数		04.5	04.6	09.1	-0.2
3	逆转一周照准目标读数		04.8	04.9	09.7	
4	再逆转一周照准目标读数		04.8	05.0	09.8	+0.1

注：1. 顺转一周之系统差平均值：-0.08″。

2. 逆转一周之系统差平均值：+0.20″。

4. 水平度盘分划误差

水平方向或水平角的观测值，是通过在水平度盘上的分划读数求得的，如果度盘分划线的位置不正确，将影响到测角的精度。

（1）水平度盘分划误差的种类　根据误差产生的原因和特性，水平度盘分划误差可分为以下三种：

1）分划偶然误差。水平度盘在用刻度机刻度的过程中，因外界偶然因素的影响，使刻度机在度盘上刻出的某些分划线时而偏左，时而偏右，没有明显的周期性规律，这种误差称为分划偶然误差。它的大小在±0.20″~±0.25″之间。这种误差只要在较多的度盘位置上进行观测读数，误差影响就可得到较好的抵消。

2）度盘分划长周期误差。因为被刻度盘的旋转中心与刻度机的标准盘旋转中心不重合，被刻度盘与标准盘不平行，标准齿盘有误差等，使刻出的度盘分划线存在着一种以水平度盘全周为周期，有规律性变化的系统性误差，这种误差称为度盘分划长周期误差。其大小可达±2″。这种误差的最重要特点是，在它的一个周期内，其数值一半为正，一半为负，总和为零。

3）度盘分划短周期误差。因刻度机的扇形轮和涡轮有偏心差，扇形轮和涡轮有齿距误差，使刻出的度盘分划线产生一种以度盘一小段弧（30′~1°）为周期，并在度盘全周上多次重复出现有规律变化的系统误差，这种误差称为度盘分划短周期误差，其大小可在±1.0″~±1.2″之间。

（2）减弱水平度盘分划误差影响的方法　根据上述度盘分划误差的产生原因和基本特性可知，对于分划偶然误差，只要在度盘的多个位置上进行观测就可减弱；对于长周期误差，按其周期性的特点，将观测的各测回均匀地分布在一个周期内（即度盘的全周），取各测回观测值的中数，即可减弱或消除其影响。

应当指出，测微器分划也存在周期性系统误差，为了减弱它的影响，各测回观测的测微器位置，也要均匀地分配在测微器的全周上。

综上所述，为了减弱度盘分划误差和测微器分划误差的影响，在进行水平方向观测或水平角观测时，各测回零方向应对准的度盘位置和测微器位置可按下式计算：

$$\begin{cases} J_{07}、J_1\text{型仪器：}\dfrac{180°}{m}(i-1)+4'(i-1)+\dfrac{120''}{m}\left(i-\dfrac{1}{2}\right) \\ J_2\text{型仪器：}\dfrac{180°}{m}(i-1)+10'(i-1)+\dfrac{600''}{m}\left(i-\dfrac{1}{2}\right) \end{cases}$$

式中　i——测回序号，即 $i=1, 2, 3, \cdots, m$。

5. 光学测微器行差及其测定

由光学测微器的测微原理知道，若开始时测微盘位于0′分划，当转动测微轮使度盘的上下分划像各移动半格（即相对移动一格）时，测微盘应由0′分划转到 n_0 分划。这里 n_0 为测微器理论测程，即度盘最小格值 G 的一半，例如，对于 J_{07}、J_1 型仪器，$n_0=120''$，对于 J_2 型仪器，$n_0=600''$。但实际上度盘分划像移动半格时，测微盘不一定恰好转动 n_0，而是转动了 n。n_0 与 n 之差称为测微器行差，以 r 表示，即

$$r=n_0-n \tag{7-13}$$

（1）测微器行差产生原因和性质　如上所述，测微器行差是度盘分划像移动半格时，测微盘转动的理论格数 n_0 与测微盘实际转动格数 n 之差。这只是表现出来的现象。在测微器读数窗中看到的度盘分划影像是由显微镜将度盘加以放大后形成的。如图7-13所示，AB 为度盘分划，经物镜在成像面上生成实像 A_1B_1，再经目镜在明视距离上形成放大的虚像 A_2B_2，即是在测微器目镜中看到的度盘分划影像。由几何光学可知道，度盘分划像 A_1B_1 的宽窄，与显微镜物镜的位置有关：当物镜向下移动，即靠近度盘分划时，分划像 A_1B_1 变宽，使 $n_0<n$，r 为负；当物镜向上移动，分划像 A_1B_1 将变窄，$n_0>n$，r 为正。所以说，测微器行差实质是由于显微镜物镜位置不正确而产生的。另外，如果度盘对径分划经过的光路不正确，将使正像和倒像分划的宽窄不相等。这样，正像分划的行差 $r_{正}$ 与倒像分划的行差 $r_{倒}$ 也不相等。因此，规范规定应计算出 $r=\dfrac{1}{2}(r_{正}+r_{倒})$ 和 $\Delta r=r_{正}-r_{倒}$。r 和 Δr 的绝对值，对 J_{07}、J_1 型仪器不应超过1″；对于 J_2 型仪器不超过2″。

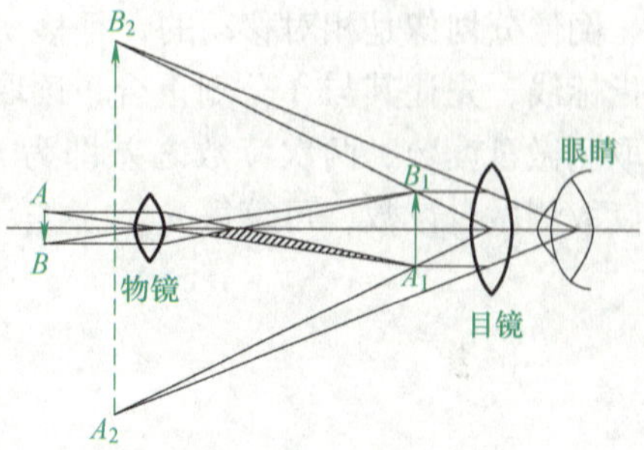

图7-13　测微器行差与读数物镜离度盘的距离有关

造成物镜位置不正确的原因是：安装和调整不正确及外界因素（如振动等）的影响。因此，当测微器行差超出上述规定时，就要由仪器修理人员调整测微器物镜的位置。

由上述的分析可以看出，测微器行差具有如下性质：对于某一台仪器来说，它的测微器行差可能为正（即 $n_0>n$），也可能为负（$n_0<n$），是确定值。因此，对于某一台仪器来说，其行差是系统性误差，其影响在观测值中不能消除。

（2）行差对观测读数的影响　行差会随测微盘上读数的增大而增大，因为行差是代表测微盘 n_0 个分格的误差，那么测微盘一个分格的行差应为 $r_1=r/n_0$。

若测微盘读数为 C，则 C 所含的行差为

$$r_C = Cr/n_0 \tag{7-14}$$

式（7-14）即为计算行差改正数的公式，代入不同仪器的 n_0 有

$$\begin{cases} J_{07}、J_1型仪器：r_C = Cr/120'' \\ J_2型仪器：r_C = Cr/600'' \end{cases}$$

（3）行差的测定　既然行差是系统性误差，对观测读数的影响不能消除，就应该测定出行差的大小，采取必要的措施，将其影响限定在允许的范围内。因此，规范规定光学经纬仪的行差应在每期业务开始前和结束后各测定一次；在作业过程中，每隔两个月还需测定一次。

由式（7-13）可知，n_0 为已知，只要当度盘正、倒分划影像移动半格时，分别测出测微盘转动的格数 $n_正$、$n_倒$，就可以求出行差。

图 7-14 为读数窗里的对径分划像，记中间的正像分划线为 A，其左边的分划线为 B，与 A 对径 180°的分划线为 A'，A'右边的分划线为 C。由光学经纬仪的读数原理可知，正、倒像分划像是相对移动的，且移动量相同。因此可按下述思路测定行差：以倒像 A' 为指标线，先让其与 A 分划重合，读取测微盘读数；再转动测微轮，使 A'和 B 重合，并读取测微盘读数，两次读数之差即为 $n_正$。同样，以 A 为指标线，先后与 A'和 C 重合，并读取测微盘读数，可算得 $n_倒$，这样

$$\begin{cases} r_正 = n_0 - n_正 \\ r_倒 = n_0 - n_倒 \end{cases} \tag{7-15}$$

$$r = \frac{1}{2}(r_正 + r_倒) \tag{7-16}$$

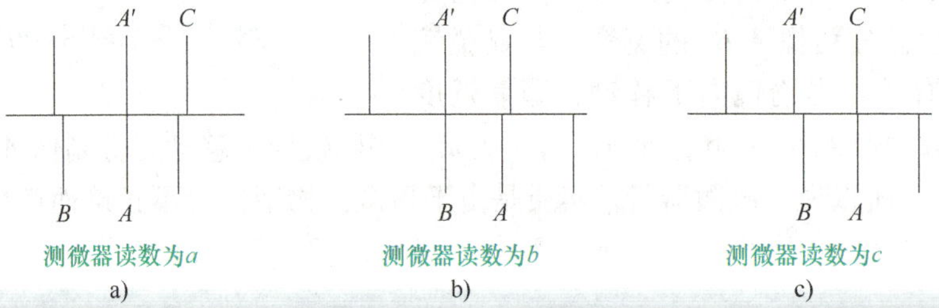

图 7-14　行差测定

按上述测定行差的基本方法，在每个度盘配置位置上，测定行差的操作方法是：

1）将测微盘零分划线对准指标线，用度盘变换手轮变换度盘至要求的位置。

2）用水平微动螺旋使 A 分划线与对径的 A'分划重合，如图 7-14a 所示，然后转动测微轮使 A 与 A'分划线精密重合，读取测微轮上的读数 a（若读数小于零时，读数作负数）。

3）转动测微轮，以 A'分划线为指标，使分划线 A'与 B 分划线精密重合，如图 7-14b 所示，读取测微盘上的读数 b，注意，实测时这里的 b 为实际读数减 n_0 之值。

4）以 A 分划线为指标，使 A 与 C 两分划线精密重合，如图 7-14c 所示，读取测微盘上的读数 c，同样，这里的 c 为实际读数减 n_0 之值。

以上在读取 a、b、c 时，均应进行两次重合读数。

按上述测定结果，可算出行差值，由测定方法知：

$$\begin{cases} n_{正}=n_0+b-a \\ n_{倒}=n_0+c-a \end{cases} \tag{7-17}$$

将式（7-17）代入式（7-15），得

$$\begin{cases} r_{正}=n_0-(n_0+b-a)=a-b \\ r_{倒}=n_0-(n_0+c-a)=a-c \end{cases} \tag{7-18}$$

将各个度盘位置测得的（$a-b$）和（$a-c$）之值取平均值代入式（7-18），即可求得 $r''_{正}$ 和 $r''_{倒}$，进而求得 r'' 和（$r''_{正}-r''_{倒}$），作为行差最后测定结果。行差测定示例见表 7-13。

表 7-13　水平度盘光学测微器行差测定

仪器：蔡司 010B　　　　No：68711　　　　2019 年 5 月 9 日

度盘位置	a	b	c	$a-b$	$a-c$	度盘位置	a	b	c	$a-b$	$a-c$
(°) (″)	(″)	(″)	(″)	(″)	(″)	(°) (″)	(″)	(″)	(″)	(″)	(″)
0　0	+0.2 +0.2 +0.2	−0.3 −0.3 −0.3	−0.5 −0.7 −0.6	+0.5	+0.8	180　00	−1.0 −0.8 −0.9	−1.7 −1.5 −1.6	−1.1 −1.5 −1.3	+0.7	+0.4
30　20	−1.0 −1.2 −1.1	−1.7 −1.5 −1.6	−1.9 −2.1 −2.0	+0.5	+0.9	210　20	+0.1 −0.2 0.0	−0.2 −0.3 −0.2	−0.3 −0.1 −0.2	+0.2	+0.2
60　40	−0.9 −1.0 −1.0	−1.6 −1.7 −1.6	−1.5 −1.0 −1.2	+0.6	+0.2	240　40	−0.4 −0.7 −0.6	−1.0 −0.8 −0.9	−1.4 −1.6 −1.5	+0.3	+0.9
90　00	+0.0 +0.2 +0.1	−0.9 −0.6 −0.8	−0.9 −0.5 −0.7	+0.9	+0.8	270　00	+0.4 +0.8 +0.6	+0.0 −0.2 −0.1	−0.4 −0.6 −0.5	+0.7	+1.1
120　20	+0.1 +0.2 +0.2	−0.7 −0.9 −0.8	−0.1 −0.5 −0.3	+1.0	+0.5	300　20	−0.5 −0.8 −0.6	−1.1 −1.0 −1.2	−1.4 −1.4 −1.4	+0.6	+0.8
150　40	−0.8 −0.8 −0.8	−1.4 −1.5 −1.4	−1.2 −1.6 −1.4	+0.6	+0.6	330　40	+0.3 +0.3 +0.3	+0.0 −0.2 −0.1	+0.2 +0.1 +0.2	+0.4	+0.1

注：$r_{正}=+0.58''$，$r_{倒}=+0.61''$，$r=+0.60''$，$\Delta r=-0.03''$。

（4）行差超限时的计算改正　按上述方法测得的行差值，如果超出规范规定的范围，在观测作业之前，应对仪进行校正；在外业观测过程中，应在观测成果中加入行差改正数。行差改正数的计算公式为式（7-14）。因为每一个读数中均应加入此项改正，工作量很大，为使计算改正简便易行，可先依据测得的行差 r''，按式（7-14）编制出"行差改正数表"。

6. 竖直微动螺旋使用正确性的检验

望远镜在小范围内俯仰时，都是通过转动竖直微动螺旋来进行的，即用竖直微动螺旋通过制动臂来转动水平轴。但是，由于仪器的水平轴系的结构特点（质量偏于竖直度盘一端，以及制动臂与水平轴结合不良等)，用竖直微动螺旋转动水平轴时，可能使水平轴产生水平位移，从而引起视准轴变动，给水平方向观测值带来误差。

检验方法：首先精确整平仪器，然后用望远镜照准一悬挂有垂球的细线，转动竖直微动螺旋，使望远镜俯仰 2°~3°，观察望远镜的十字丝中心与垂球线是否始终一致。如果十字丝中心离开了垂球线，说明竖直微动螺旋使用不正确。在进行水平角观测时，禁止使用竖直微动螺旋俯仰望远镜，而用手俯仰望远镜。

工作自测 7.5

自主学习任务单

自测 7.5.1　经纬仪的几项检验与校正

1. 学习任务

1）了解经纬仪常规的检验项目

2）掌握经纬仪常见的几项检验与校正方法

任务	自测标准		学习建议
经纬仪常规检验与校正项目	□	1）水准管轴应垂直于仪器竖轴的检验与校正	1）通过训练指导、相关知识以及相关课件、教材学习 2）按照训练指导的步骤进行检验与校正 3）两人一组互相检测，完成实训任务
	□	2）视准轴应垂直于横轴（水平轴）的检验与校正	
	□	3）横轴应垂直于仪器竖轴的检验与校正	
	□	4）竖盘指标差的检验与校正	

2. 学习笔记

检验记录表

水准管轴垂直于竖轴的检验记录

检验（照准部转 180°）次数	1	2	3	4	5
气泡偏离格数					

视准轴应垂直于横轴（水平轴）的检验、校正记录

观测类型	水平度盘读数		视准轴误差	备注
	盘左	盘右		
检验观测				
校正后校核观测				
公式	$2C=R-L\pm180°$			

水平轴垂直于竖轴的检验记录

检验次数	P_1、P_2 两点的距离
1	
2	

（续）

检验记录表

指标差检验、校正记录

观测类型	水平度盘读数		指标差	备注
	盘左	盘右		
检验观测				
校正后校核观测				
公式	$x=(L+R-360°)/2$			

自测 7.5.2　精密经纬仪照准部旋转是否正确的检验

1. 学习任务

1）进一步了解经纬仪的结构

2）掌握精密经纬仪照准部旋转是否正确的检验方法

3）能够对所使用的经纬仪进行照准部旋转是否正确的检验，并能够对检验数据进行评价

任务	自测标准		学习建议
精密经纬仪照准部旋转是否正确的检验	□	1）能够准确进行经纬仪的对中、整平	1）通过训练指导、相关知识以及相关课件、教材学习 2）按照训练指导的步骤进行检测 3）两人一组互相检测，完成实训任务
	□	2）整置仪器，使竖轴垂直，读记照准部水准管气泡两端读数或中间位置读数	
	□	3）顺时针方向旋转照准部第一周，每旋转照准部45°，读记水准管气泡一次，共测8个照准部位置。记入表中	
	□	4）同3）继续观测第二周与第三周，每一周测8个照准部位置。记入表中	
	□	5）逆时针方向旋转照准部第一周，每旋转照准部45°，读记水准管气泡一次，共测8个照准部位置。记入表中	
	□	6）同4）继续观测第二周与第三周，每一周测8个照准部位置。记入表中	
	□	7）判断检验结果。若照准部旋转正确，各位置气泡读数互差，对J_2型仪器不得超过1格（按气泡两端读数的和比较为2格）。若气泡读数变化较大，超出上述限差，并以照准部旋转两周为周期而变化，则照准部旋转不正确，应进行检修	

2. 学习笔记

照准部旋转是否正确的检验

照准部位置	气泡读数			照准部位置	气泡读数		
	左	右	中数		左	右	中数
（°）	（格）	（格）	（格）	（°）	（格）	（格）	（格）
顺转第一周							
0				180			
45				225			
90				270			
135				315			
顺转第二周							
0				180			
45				225			
90				270			
135				315			

（续）

照准部位置（°）	气泡读数 左（格）	右（格）	中数（格）	照准部位置（°）	气泡读数 左（格）	右（格）	中数（格）
顺转第三周							
0				180			
45				225			
90				270			
135				315			
逆转第一周							
315				135			
270				90			
225				45			
180				0			
逆转第二周							
315				135			
270				90			
225				45			
180				0			
逆转第三周							
315				135			
270				90			
225				45			
180				0			
最大变动____格，中心位置变化____格							

自测 7.5.3　精密经纬仪水平轴不垂直于竖轴之差的测定

1. 学习任务

1）掌握精密经纬仪水平轴不垂直于竖轴之差的测定方法

2）能够对所使用的经纬仪进行水平轴不垂直于竖轴之差的测定，并对检验数据进行评价

任务	自测标准		学习建议
精密经纬仪水平轴不垂直于竖轴之差的测定	□	1）能够准确进行经纬仪的对中、整平	1）通过训练指导、相关知识以及相关课件、教材学习 2）按照训练指导的步骤进行检测 3）两人一组互相检测，完成实训任务
	□	2）设置目标：在距仪器 5m 以外的地方设置两个目标，一为高点，一为低点。两点应大致在同一铅垂直线上，用仪器观测两点的竖直角的绝对值应不小于 3°，其绝对值应大致相等，其差值不得超过 30″	
	□	3）观测高、低两点的水平角 6 个测回，每测回间更换水平度盘和测微器。观测数据记入表中	
	□	4）观测高、低点的竖直角 $\alpha_{高}$ 和 $\alpha_{低}$，用中丝法测 3 个测回。竖直角和指标差互差均不超过 10″，超限测回应重测	
	□	5）水平轴不垂直于竖轴之差值计算	

2. 学习笔记

高、低两点间水平角的测定记录

仪器编号__________　观测________　记录________　日期________

度盘位置	照准点	读数				2C	$\frac{1}{2}$[左+(右±180°)]	水平角
		盘左（L）		盘右（R）		（左−右±180°）		
（°）		（°）（′）（″）	（″）	（°）（′）（″）	（″）	（″）	（°）（′）（″）	（°）（′）（″）
（顺）0	1 高点							
	2 低点							
30	1							
	2							
60	1							
	2							
（逆）90	1							
	2							
120	1							
	2							
150	1							
	2							

$C_{高}=$　　　　　　$C_{低}=$

（续）

高、低点竖直角的测定记录

仪器编号________ 观测________ 记录________ 日期________

照准点	测回	读数				指标差	竖直角
		盘 左		盘 右			
		(°) (′) (″)	(″)	(°) (′) (″)	(″)	(″)	(°) (′) (″)
低点	Ⅰ						
	Ⅱ						
	Ⅲ						
中数							
高点	Ⅰ						
	Ⅱ						
	Ⅲ						
中数 α=							

最后结果计算

水平轴不垂直于竖轴之差：

$$i=\frac{1}{2}(C_{高}-C_{低})\cot\alpha=$$